专项职业能力考核培训教材

指（趾）甲护理装饰

重庆市职业技能鉴定指导中心　组织编写

中国劳动社会保障出版社

图书在版编目(CIP)数据

指(趾)甲护理装饰 / 重庆市职业技能鉴定指导中心组织编写. -- 北京：中国劳动社会保障出版社，2024. -- (专项职业能力考核培训教材). -- ISBN 978-7-5167-6768-9

Ⅰ. TS974

中国国家版本馆 CIP 数据核字第 2024WM3142 号

中国劳动社会保障出版社出版发行

(北京市惠新东街 1 号　邮政编码：100029)

*

北京市白帆印务有限公司印刷装订　　新华书店经销

787 毫米 ×1092 毫米　16 开本　6.25 印张　114 千字
2024 年 12 月第 1 版　2024 年 12 月第 1 次印刷
定价：24.00 元

营销中心电话：400-606-6496
出版社网址：https://www.class.com.cn

版权专有　　侵权必究

如有印装差错，请与本社联系调换：(010)81211666
我社将与版权执法机关配合，大力打击盗印、销售和使用盗版图书活动，敬请广大读者协助举报，经查实将给予举报者奖励。

举报电话：(010)64954652

本书编委会

主　任　王华源

副主任　宋　琦

委　员　刘珊珊　邓仁康

本书编审人员

主　编　宗　君

副主编　张小平　孙　波

编　者　谌永华　曾俊榕　熊秋云　于亚鹏　张彦祺　黄　丽
　　　　李作慧　杨晓妮

主　审　张　丽　童廷波

审　稿　刘　茜　蒋治春

前　言

职业技能培训是全面提升劳动者就业创业能力、促进充分就业、提高就业质量的根本举措，是适应经济发展新常态、培育经济发展新动能、推进供给侧结构性改革的内在要求，对推动大众创业万众创新、推进制造强国建设、推动经济高质量发展具有重要意义。

为了加强职业技能培训，《国务院关于推行终身职业技能培训制度的意见》（国发〔2018〕11号）、《人力资源社会保障部　教育部　发展改革委　财政部关于印发"十四五"职业技能培训规划的通知》（人社部发〔2021〕102号）提出，要完善多元化评价方式，促进评价结果有机衔接，健全以职业资格评价、职业技能等级认定和专项职业能力考核等为主要内容的技能人才评价制度；要鼓励地方紧密结合乡村振兴、特色产业和非物质文化遗产传承项目等，组织开发专项职业能力考核项目。

专项职业能力是可就业的最小技能单元，劳动者经过培训掌握了专项职业能力后，意味着可以胜任相应岗位的工作。专项职业能力考核是对劳动者是否掌握专项职业能力所做出的客观评价，通过考核的人员可获得专项职业能力证书。

为配合专项职业能力考核工作，在人力资源社会保障部教材办公室指导下，重庆市职业技能鉴定指导中心组织有关方面的专家编写了专项职业能力考核培训教材。教材严格按照专项职业能力考核规范编写，内容充分反映了专项职业能力考核规范中的核心知识点与技能点，较好地体现了科学性、适用性、先进性与前瞻性。相关行业和考核培训方面的专家参与了教材的编审工作，保证了教材内容与考核规范、题库的紧密衔接。

专项职业能力考核培训教材突出了适应职业技能培训的特色，不但有助于读者通过考核，而且有助于读者真正掌握相关知识与技能。

本教材在编写过程中得到了重庆市江北区宗君职业技能培训学校有限公司、重庆市工业技师学院、重庆市女子职业高级中学等单位的大力支持与协助，在此表示衷心感谢。

教材编写是一项探索性工作，由于时间紧迫，不足之处在所难免，欢迎各使用单位及读者提出宝贵意见和建议，以便教材修订时补充更正。

目 录

培训任务 1　指（趾）甲护理装饰基础知识
学习单元 1　指（趾）甲护理装饰的行业认知……………… 2
学习单元 2　职业形象与接待礼仪………………………… 6
学习单元 3　顾客接待与咨询……………………………… 9

培训任务 2　指（趾）甲基础知识
学习单元 1　指（趾）甲的作用、构造和生长周期………… 14
学习单元 2　异常指（趾）甲认识………………………… 18

培训任务 3　手足部皮肤养护
学习单元 1　手足部常用穴位认识………………………… 22
学习单元 2　手部皮肤养护………………………………… 24
学习单元 3　足部皮肤养护………………………………… 31

培训任务 4　自然甲护理、修饰和甲油胶卸除
学习单元 1　工具和耗材认识……………………………… 38
学习单元 2　自然甲护理与修饰…………………………… 46

学习单元3　甲油胶卸除 …………………………………………………… 53

培训任务5　人造甲制作与卸除
　　学习单元1　人造甲基础知识 …………………………………………… 58
　　学习单元2　贴片甲制作 ………………………………………………… 61
　　学习单元3　贴片甲卸除 ………………………………………………… 65

培训任务6　指甲装饰
　　学习单元1　色彩与构图基础知识 ……………………………………… 68
　　学习单元2　彩妆指甲 …………………………………………………… 70
　　学习单元3　手绘指甲 …………………………………………………… 75
　　学习单元4　饰品镶嵌 …………………………………………………… 84

附录1　指（趾）甲护理装饰专项职业能力考核规范 ……………………… 89
附录2　指（趾）甲护理装饰专项职业能力培训课程规范 ………………… 91

培训任务 1

指（趾）甲护理装饰基础知识

学习单元 1

指（趾）甲护理装饰的行业认知

一、指（趾）甲护理装饰的起源

指（趾）甲护理装饰的历史可以追溯到远古时代。古埃及人用矿物颜料、指甲花（henna）和其他天然材料来装饰指甲，有时还会在指甲上雕刻图案或镶嵌宝石。

到了19世纪，随着工业革命的发展，指（趾）甲护理装饰变得更加商业化，出现了早期的指甲锉和抛光工具。与此同时，人造甲（又称假指甲）开始出现，但当时其主要目的是遮盖缺陷而非装饰。

20世纪20年代的"爵士时代"见证了指（趾）甲艺术的兴起，当时的艺术家开始在甲面上设计复杂的装饰图案。在20世纪末和21世纪初，随着指（趾）甲护理装饰服务的普及，指（趾）甲艺术成为一种流行的个性化表达方式。

指（趾）甲护理装饰发展至今，不仅包括基础保养服务，还包括3D（三维）彩绘、水晶甲制作、UV（紫外线）固化等专业服务，甚至还有定制化的艺术设计服务。指（趾）甲护理装饰不仅彰显了个人的审美趣味，还是文化和身份的象征，同时也反映了社会变迁中个人审美趋势的演变。

二、指（趾）甲护理装饰作品的类型

随着技术的发展，市场上的指（趾）甲护理装饰作品出现了系统性分类，主要分为实用型作品、观赏型作品、表演型作品3种。

1. 实用型作品

实用型作品是指在日常生活中可以应用的作品。实用型作品如图1-1所示。

图1-1　实用型作品

2. 观赏型作品

观赏型作品（见图1-2）通常用在指（趾）甲护理装饰的教学示范、产品展示中，以及美甲机构的服务介绍中。有些精美的观赏型作品具有收藏价值。

图1-2　观赏型作品

3. 表演型作品

表演型作品（见图1-3）适用于舞台展示。这类作品巧妙地融合了主题造型的创意构思，以整体形象为载体，深刻传达文化内涵，着重展现指（趾）甲造型的故事性与深刻寓意。通过对指（趾）甲的灵动演绎，表演型作品成为一种富有艺术感染力的表达形式。

图1-3 表演型作品

三、指（趾）甲护理装饰行业规范

指（趾）甲护理装饰行业规范的核心目的在于促进服务的专业性、安全性，提升顾客满意度，以此为基础构建行业的公信力与良好声誉。它旨在保护消费者的合法权益，确保消费者获得高质量的服务体验；同时也为从业人员营造一个健康、有序的职业发展环境，支持并促进其技能提升与职业生涯的可持续发展。指（趾）甲护理装饰行业规范主要包含以下4方面的内容。

1. 卫生与消毒

（1）个人卫生：指（趾）甲护理装饰从业人员必须保持良好的个人卫生，包括勤洗手、戴口罩和手套等，防止交叉感染。

（2）工具消毒：工具如指皮推、指甲剪、打磨头、指皮剪等应在每次使用前后彻底清洁和消毒，可以使用紫外线消毒柜、臭氧消毒柜等低温消毒柜或专用消毒液。

（3）工作区消毒：应保持工作区干净、整洁，定期清洁操作台和工具箱。

2. 个人技能

（1）基础技能：熟练掌握各种基础护理方法，如剪指甲、修甲形、抛光、粘贴和卸除贴片甲等；在工作时应注意保护顾客的指（趾）甲和皮肤，避免造成划伤或过敏等情况，如发生意外或异常情况，应能及时处理。

（2）装饰技能：熟练运用各种装饰材料如贴纸、镶嵌饰品、彩绘胶等进行艺术设计；了解不同装饰材料的性质、适用场合和持久性；熟练使用无毒、环保的美甲产品，确保顾客安全。

3. 顾客服务

（1）沟通：了解顾客的需求和期望，提供个性化建议。

（2）咨询：了解顾客指（趾）甲的健康状况，对于有问题的指（趾）甲提出专业养护建议。

4. 行业认证

了解行业发展趋势和技术更新方向，持续提升专项职业能力，经培训、考核合格后持有相关的资质认证证书。

学习单元 2

职业形象与接待礼仪

一、职业形象要求

指（趾）甲护理装饰从业人员不仅需要提供优质的服务，还需要通过建立良好的职业形象来赢得顾客的信赖。指（趾）甲护理装饰从业人员的职业形象主要从以下3个方面建立。

1. 工作服装要求

指（趾）甲护理装饰从业人员应穿着符合工作性质和特点的工作装。指（趾）甲护理装饰从业人员工作装示例如图1-4所示。

2. 妆容要求

指（趾）甲护理装饰从业人员应选择轻薄、自然的工作妆容，避免妆容过于厚重而分散顾客的注意力。眼妆以淡妆为主，不宜过于夸张，平时避免使用颜色过于鲜艳的眼影，除非是在特定节日或举办主题风格的美甲活动时。勿喷洒气味浓烈、刺鼻的香水，肢体裸露部分应无大面积文身。

3. 个人卫生要求

指（趾）甲护理装饰从业人员应注意个人卫生，经常沐浴，确保无汗臭味等异味。不在工作区吸烟或吃东西，保持口气清新。

图 1-4 指(趾)甲护理装饰从业人员工作装示例

二、接待礼仪要求

1. 站姿要求

标准站姿要求如下:面部表情自然,双目平视顾客,面带微笑,背部挺直,微收下颌;挺胸、直腰、收腹,臀部肌肉上提;双臂自然下垂或双手相握置于小腹前,双肩放松稍向后;女性双腿并拢、呈V形或丁字形站立,男性双脚平行分开、与肩同宽站立,在门口迎宾时身体与门成45°角,遇到顾客进店要主动上前问候。

2. 坐姿要求

标准坐姿要求如下:面带微笑,上半身保持直立,双脚并拢,坐凳子的1/2~2/3处;结合场所及自身需要,调整双手及双脚的摆放姿势。

3. 言谈礼仪要求

(1)称呼敬语。如何称呼顾客是一个重要的社交细节。称呼不仅能够体现对顾客的尊重和亲近,还能在一定程度上影响顾客的体验感和满意度。在实际工作中应根据顾客的年龄、性别和熟悉程度,选择合适的称呼并使用敬语。

1)称呼带上顾客姓氏。记住顾客的姓氏能够让顾客感到被重视和尊重,从而产生亲近感。带上顾客姓氏的个性化称呼方式,比泛泛的"姐""美女"和"哥""帅哥"

等称呼更容易消除双方之间的疏离感，如张女士、张夫人和张先生、张总等。

2）根据顾客年龄调整称呼。女性顾客对年龄通常比较敏感，因此，在称呼女性顾客时要谨慎一些。对于初次见面的女性顾客，可以尝试询问顾客希望被如何称呼。对于年龄相近的顾客，可以尝试使用昵称，以增加亲切感。

一般而言，除非顾客年长很多，否则应避免使用"阿姨"这个称呼，以免顾客感到不悦。对于不熟悉的顾客，可以称其为"女士"；对于熟悉且年长的顾客，可以称其为"某某姐"；对于熟悉且年轻的顾客，可以称其为"妹妹"。

（2）问候语。基本问候语，如"您好""欢迎光临"等。不同时间的问候，如"早上好""上午好""中午好""下午好""晚上好"等。

学习单元 3

顾客接待与咨询

指（趾）甲护理装饰从业人员在接待顾客之前，需要了解本店的服务项目、收费标准。通过与顾客进行沟通，指（趾）甲护理装饰从业人员应能了解顾客的基本信息及需求，以便做好服务工作。

一、指（趾）甲护理装饰服务项目

指（趾）甲护理装饰服务项目主要包含自然甲护理与修饰、问题甲处理与美化、彩妆甲制作与卸除、贴片甲制作与卸除、光疗甲制作与卸除、穿戴甲定制等 6 大类。

1. 自然甲护理与修饰

自然甲护理与修饰大类可以细分为手部皮肤护理、自然甲护理、自然甲修饰等项目。

2. 问题甲处理与美化

问题甲处理与美化大类可以细分为残缺甲修复、萎缩甲矫正、灰指甲处理、甲沟炎消毒及处理、绿脓杆菌感染甲消毒及处理等项目。

3. 彩妆甲制作与卸除

彩妆甲制作与卸除大类可以细分为甲油胶手绘、彩绘胶手绘、饰品镶嵌、各类彩

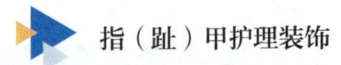

妆甲卸除等项目。

4. 贴片甲制作与卸除

贴片甲制作与卸除大类可以细分为全贴片、半贴片、浅贴片制作，以及各类贴片甲卸除等项目。

5. 光疗甲制作与卸除

光疗甲制作与卸除大类可以细分为透明延长甲、彩色延长甲、光疗内雕甲制作，以及各类光疗甲卸除等项目。

6. 穿戴甲定制

穿戴甲需要根据顾客的本甲情况、喜好和使用需求定制款式。穿戴甲定制款式通常分为以下几类。

（1）节日及主题款式，如庆祝生日、婚礼的款式及季节性主题款式等。这类款式一般偏生活化。

（2）个性化款式，即根据顾客的个性和职业需求定制的具有个性化风格的款式。

（3）特殊款式，即适合特殊活动的专用美甲款式，其风格一般偏夸张、大胆。

二、项目收费标准

指（趾）甲护理装饰各类服务项目的收费标准应在符合市场监督管理相关规定的前提下，根据当地物价水平、店面大小及地理位置等实际情况灵活制定。

 **操作技能**

顾客接待

操作步骤

顾客接待流程：礼貌问候—提供饮品—主动介绍—确定颜色及款式—确认方案及价格。

步骤1　礼貌问候

如图1-5所示，接待人员面带微笑站在门口或者站在柜台后欢迎顾客。接待人员应目光亲切地注视顾客的眼睛，说规范的问候语，如"您好，欢迎光临"等。在征得顾客同意后，接待人员可以帮助顾客拎拿随身物品，并主动帮顾客挂外衣、围巾等。

步骤 2　提供饮品

如图 1-6 所示，接待人员请顾客坐下，为顾客选择合适的饮品，并通过简单的询问和沟通，了解顾客的消费需求和习惯。

图 1-5　礼貌问候

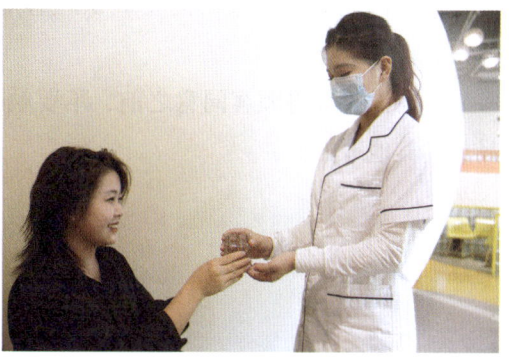

图 1-6　提供饮品

步骤 3　主动介绍

如图 1-7 所示，接待人员在为顾客介绍服务项目时应提供价目表或图片册，主动询问顾客想了解哪些项目、想解决哪些问题，根据顾客需求给出服务建议供顾客参考。

步骤 4　确定颜色及款式

如图 1-8 所示，接待人员帮助顾客确定甲油胶颜色及美甲款式，按需为顾客推荐合适的饰品等。

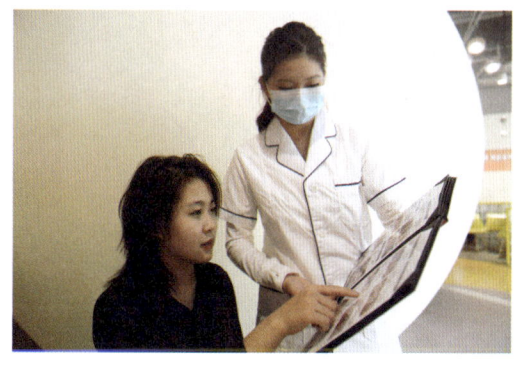

图 1-7　主动介绍

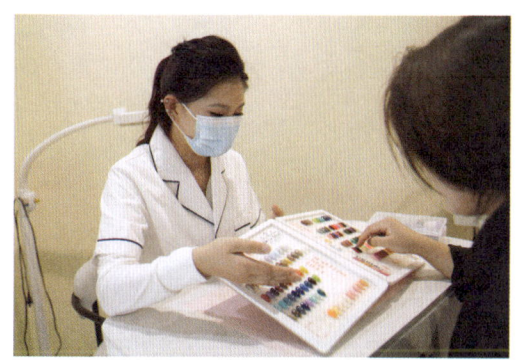

图 1-8　确定颜色及款式

步骤 5　确认方案及价格

接待人员明确说明服务方案及服务价格，待顾客确认后做操作准备。

注意事项

1. 认真记录顾客需求，及时给予回应。对于关键事项应重复确认，让顾客感到被重视。

2. 在沟通服务方案时需要确认顾客对服务价格是否接受，避免在付款环节出现争议。

3. 在没有征得顾客同意之前，不要触碰顾客的随身物品，更不要将顾客的随身物品放到其他地方。

培训任务 2

指（趾）甲基础知识

指（趾）甲的作用、构造和生长周期

学习单元 1

知识要求

一、指（趾）甲的作用

1. 保护作用

指（趾）甲是覆盖在手指（脚趾）末端的硬质保护层，可以防止皮肤直接受到刮擦、碰撞等伤害。

2. 抓握和操控作用

指（趾）甲边缘的弧度有助于提高手指（脚趾）抓取物体的能力，并增强其灵活性。

3. 辅助触觉作用

尽管指（趾）甲不如指（趾）尖敏感，但指（趾）甲下方的区域有神经末梢，可以提供一定程度的触觉反馈。

4. 生物标志作用

指（趾）甲的生长速度、颜色变化、形状和健康状况可以反映身体内部的某些信息，如营养状况、疾病、药物使用等。

5. 审美作用

美观的指（趾）甲被认为是体现个人时尚风格的重要部分，许多人会通过做指（趾）甲护理装饰来表达个性或提升形象。

二、指（趾）甲的构造

指甲与趾甲的构造类似，下面以指甲的构造（见图 2-1）为例进行介绍，趾甲的构造可以参考以下内容。

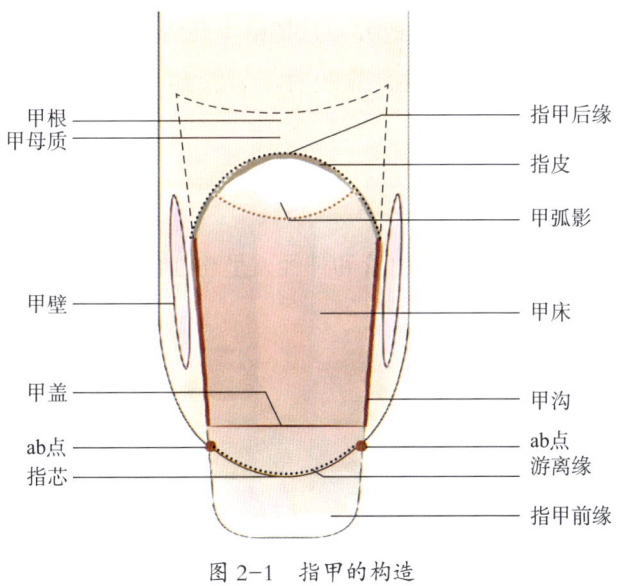

图 2-1 指甲的构造

1. 指甲前缘

指甲前缘是指超出甲床的部分。这部分没有支撑因而比较容易断裂，修甲形时需要注意力度。

2. 指芯

指芯又称甲下皮，是指甲前缘下的薄层皮肤。打磨指甲时应从两边向中间打磨，切勿从中间向两边来回打磨，否则有可能使指芯断裂。

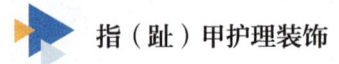

3. 游离缘

游离缘又称微笑线，位于甲床前段，是甲床和指芯、指甲的分界线。指甲太薄时，游离缘易断裂。

4. ab 点

ab 点是游离缘两端的端点。做延长甲时经常会用到 ab 点，这是延长甲容易裂开的部位。

5. 甲盖

甲盖又称甲体，由丰富的角质蛋白构成，其范围从指甲后缘到指甲前缘。整个甲盖表面（简称甲面）即护理装饰区域。

6. 甲沟

甲沟是指甲两侧与皮肤接触的地方，是指甲生长所依循的边界。当修剪指甲操作不当时，可能会造成甲沟炎。注意，涂胶时不要涂到甲沟，否则会导致甲油胶起翘脱落。

7. 甲床

甲床在指甲的下面，含有毛细血管和神经，呈粉红色。

8. 甲壁

甲壁是甲沟两侧的皮肤。

9. 甲弧影

甲弧影又称甲半月，是位于指甲根部的一个半月形白色不透明区域。甲弧影是指甲生长的自然现象。

10. 甲母质

甲母质俗称小口袋，是指甲根部下方的小凹陷，通常呈半圆形或三角形，是形成指甲的关键部位。

11. 指皮

指皮又称甲上皮，是覆盖指甲后缘的薄层皮肤。指皮有助于保护甲根，可防止外部细菌和污染物侵入。

12. 指甲后缘

指甲后缘是甲根和甲盖的分界线。注意,剪指皮时不要越过指甲后缘,否则容易出血。

13. 甲根

甲根位于指甲末端的皮肤下方,与甲母质紧密相连。其作用是产生新的指甲细胞并推动老的指甲细胞向外生长,促进指甲的更新。

三、指(趾)甲的生长周期

指(趾)甲是人体正常组织。在正常生理情况下,指甲每天大约长 0.1 mm,3 个月可以长近 1 cm;趾甲的生长速度较慢,1 个月大约长 1.6 mm。当指(趾)甲受伤或脱落时,恢复至正常生长形态的时间则较久。通常情况下,指(趾)甲的生长速度受多种因素影响,如年龄、季节、生活习惯、指(趾)骨长度等生理性因素,或甲状腺功能亢进等病理性因素,需要具体问题具体分析,必要时及时就医。

学习单元 2

异常指（趾）甲认识

一、问题甲分类及养护

1. 残缺甲

（1）症状。指（趾）甲短小；指（趾）甲周围皮肤有损伤，出现红肿、疼痛或溃烂等情况；指（趾）甲形状不规则。

（2）养护。视情况使用贴片甲延长指（趾）甲长度、改善指（趾）甲形状。

2. 萎缩甲

（1）症状。指（趾）甲表面出现凹陷或坑洞；指（趾）甲变薄或变形；指（趾）甲呈现异常的颜色，如长出白斑或出现其他颜色变化。

（2）养护。视情况使用贴片甲来改善，严重时需要及时就医。

二、病甲分类及养护

1. 灰指甲

（1）症状。指（趾）甲颜色变浑浊且明显增厚，甲面凹凸不平；指（趾）甲变脆，剪指（趾）甲时有粉末；指（趾）甲萎缩，容易脱落。

（2）养护。出现灰指甲之后，可以通过外用药物改善症状，也可以在医生指导下口服内服药物达到控制局部感染的效果。患灰指甲时不建议做指（趾）护理装饰。

2. 甲沟炎

（1）症状。甲沟红肿、疼痛，有的伴有严重的化脓症状；局部有黄色脓液，指（趾）甲与周围皮肤分离；在脚趾患甲沟炎的情况下，疼痛可能导致行走困难。

（2）养护。将指（趾）甲修剪成方形或方圆形，不要将两侧角剪掉，否则新长出的指（趾）甲容易嵌入软组织中。情况严重者应尽快就医，在化脓、发炎期间不能做指（趾）护理装饰。

3. 绿脓杆菌感染甲

如果人造甲与本甲根部黏合处起翘但没有及时卸甲，则很容易导致水分渗透和空气滞留，长时间的密闭环境会促使大量绿脓杆菌滋生，进而引发绿脓杆菌感染的情况。

（1）症状。指（趾）甲发绿，或出现绿色斑块。

（2）养护。手足部应多晒太阳、多透气；洗完手或脚后应及时擦干水，保持皮肤干燥；等新指（趾）甲慢慢长出后剪掉病甲，感染期间不能做指（趾）护理装饰。

培训任务 3

手足部皮肤养护

学习单元 1

手足部常用穴位认识

一、手部常用穴位（见表 3-1）

表 3-1　　　　　手部常用穴位

穴位名称	穴位定位	操作手法与作用
合谷穴	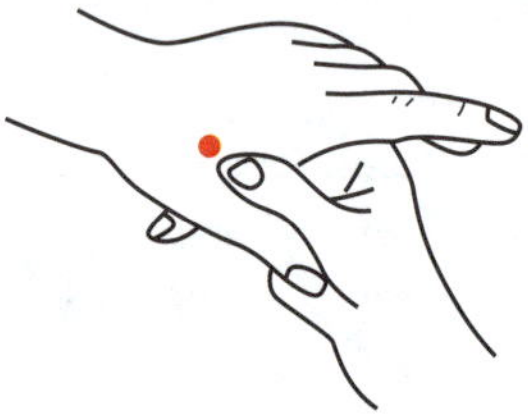	多采用按揉法，可以消除疲劳、提神醒脑
劳宫穴	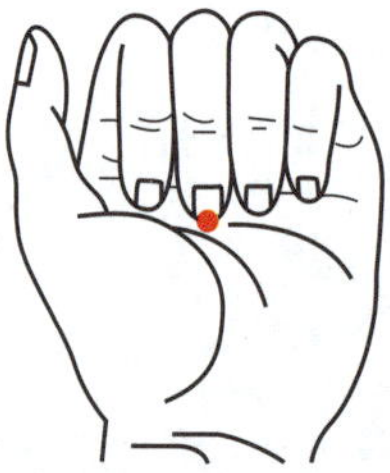	多采用按揉法、分推法，可以清心泄热、开窍醒神
鱼际穴	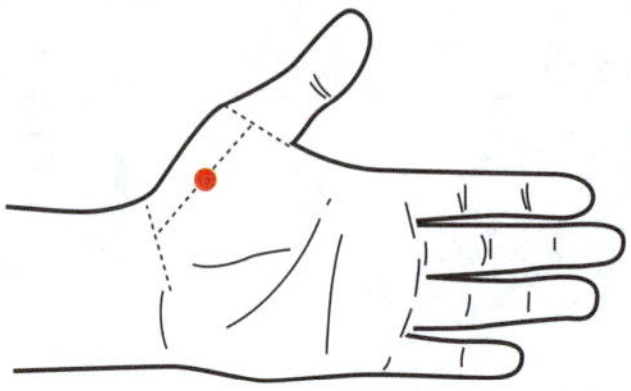	多采用按揉法、分推法，可以缓解上肢酸痛

续表

穴位名称	穴位定位	操作手法与作用
少府穴	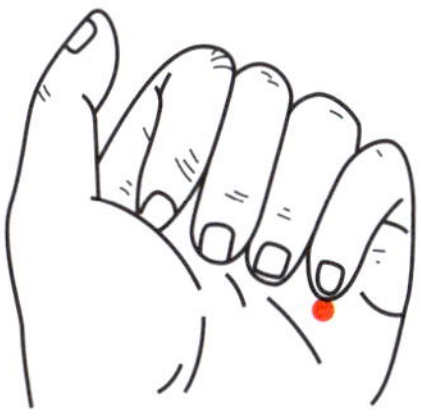	多采用按揉法,可以宁心安神、理气活络

二、足部常用穴位(见表3-2)

表 3-2　　　　　　　　　　足部常用穴位

穴位名称	穴位定位	操作手法与作用
涌泉穴	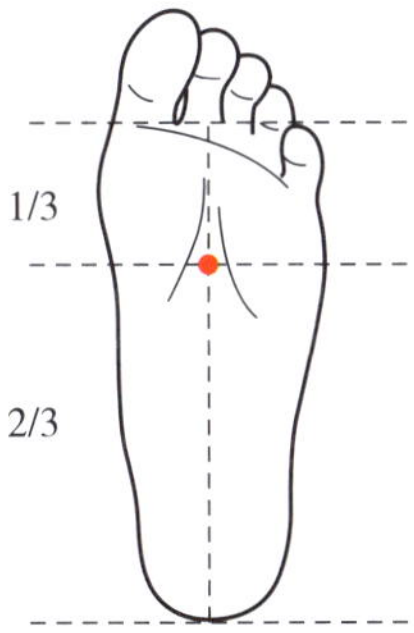	多采用分推法,可以滋阴降火、开窍醒脑、助眠
太溪穴	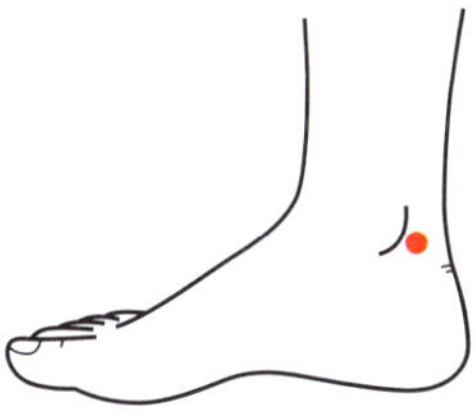	多采用按揉法,可以滋阴补肾、通络止痛
太冲穴	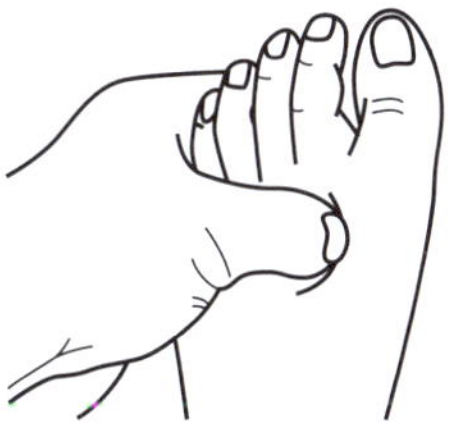	多采用点按法,可以疏肝理气、缓解下肢疼痛
昆仑穴	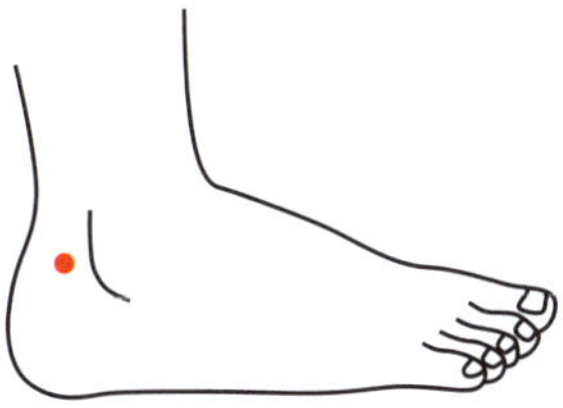	多采用按揉法,可以强健腰膝、缓解四肢关节疼痛

学习单元 2

手部皮肤养护

一、手部基础按摩手法

1. 常用的按摩手法

按：用手指指腹或手掌在穴位上有节奏地按压。

揉：用手指或手掌在穴位上旋转。

捏：用拇指、食指、中指在对应部位做对称式挤压。

推：用手指或手掌向前、向上或向外推挤皮肤。

摩：用手指或手掌在皮肤和穴位上柔和地摩擦。

点：用拇指或食指关节点穴位。

2. 手部按摩手法分解（见表 3-3）

表 3-3　　　　　　　　　　手部按摩手法分解

序号	手法名称	说明	图示
1	按摩手背	双手握住顾客的一只手，用拇指从中间向两边打圈按摩手背，按摩时可适当用力	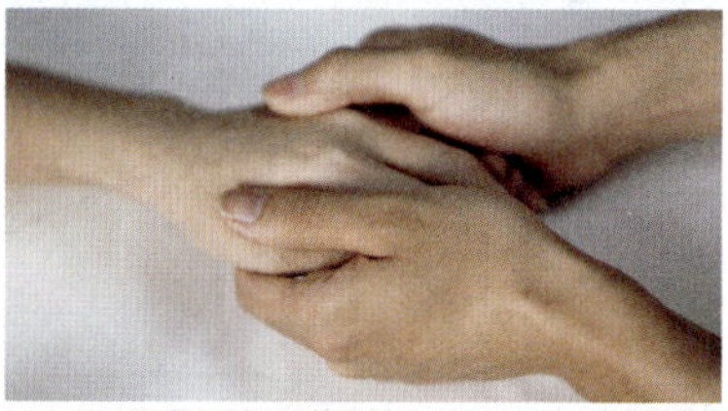

续表

序号	手法名称	说明	图示
2	弹拉手指	用拇指以打圈的方式按揉顾客手指，适当按压关节部位，最后轻拉指尖弹出	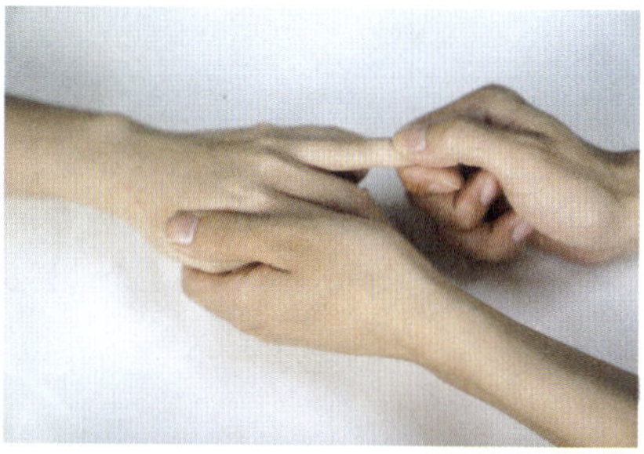
3	按压合谷穴和少府穴	一只手握住顾客手腕或手掌，另一只手按压合谷穴或少府穴	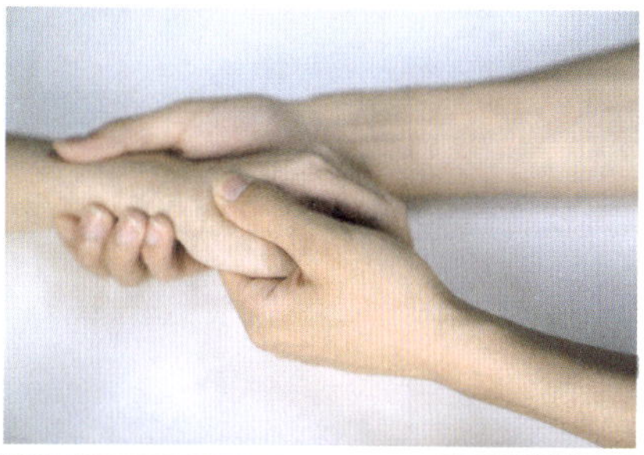 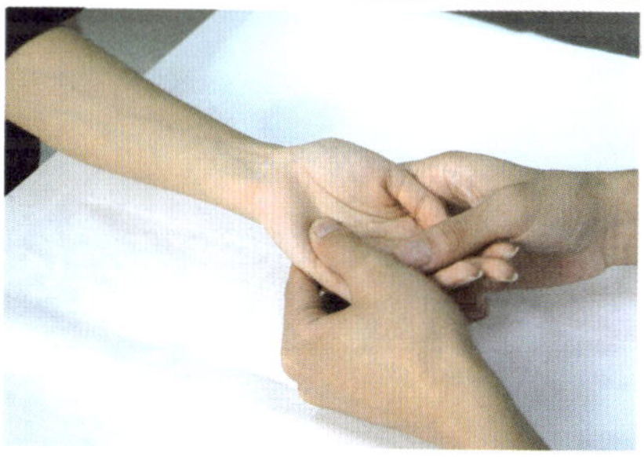
4	按摩鱼际穴与劳宫穴	让顾客手心朝向操作者，一只手握住顾客手腕，另一只手用拇指按揉鱼际穴；翻转顾客手掌使其手心朝上，用拇指按揉劳宫穴	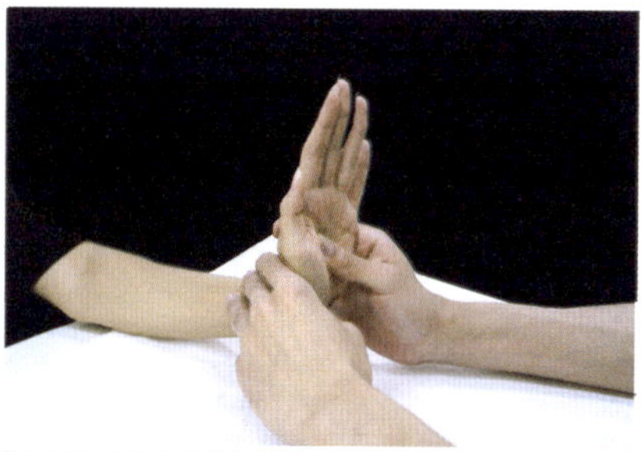 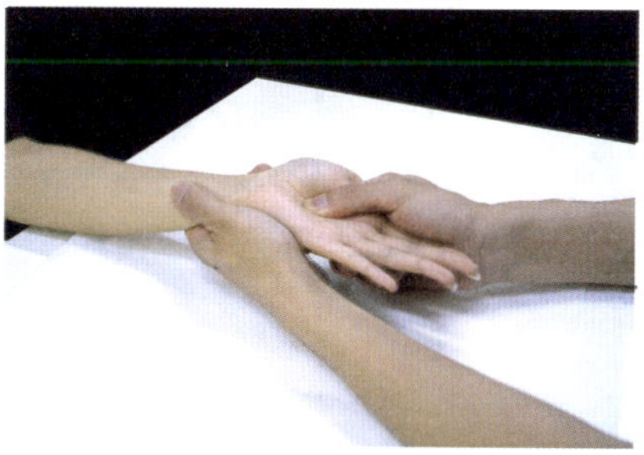

续表

序号	手法名称	说明	图示
5	按压手掌	左手握住顾客手腕，右手手指与顾客手指交叉相握且掌心相对，轻轻向前按压	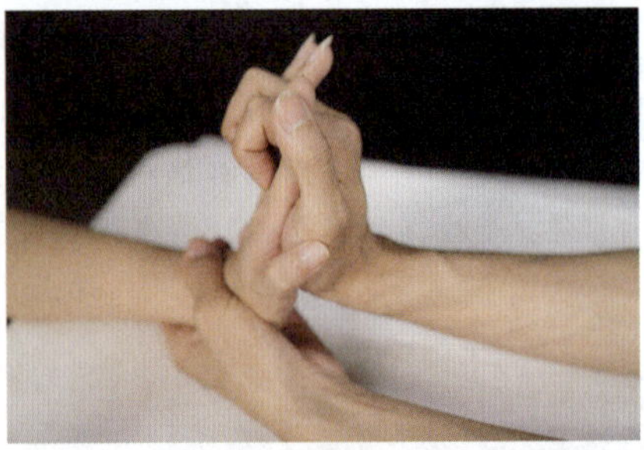
6	转动手腕	先顺时针再逆时针，轻轻转动顾客手腕	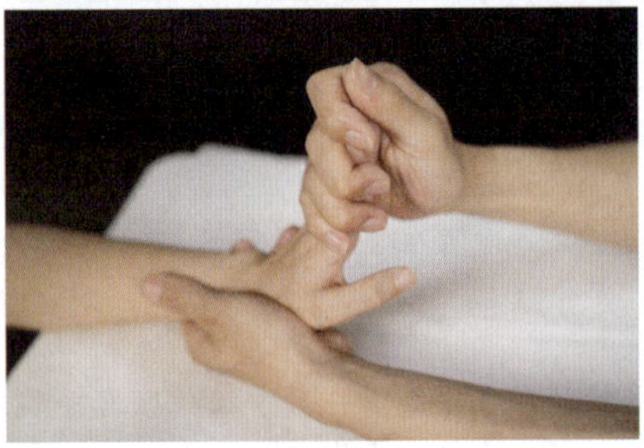

二、手部皮肤养护用品（见表 3-4）

表 3-4　　　　　　　　　　手部皮肤养护用品

名称	说明	图示
保鲜膜	用于护理时包裹手部等部位，增强护理效果	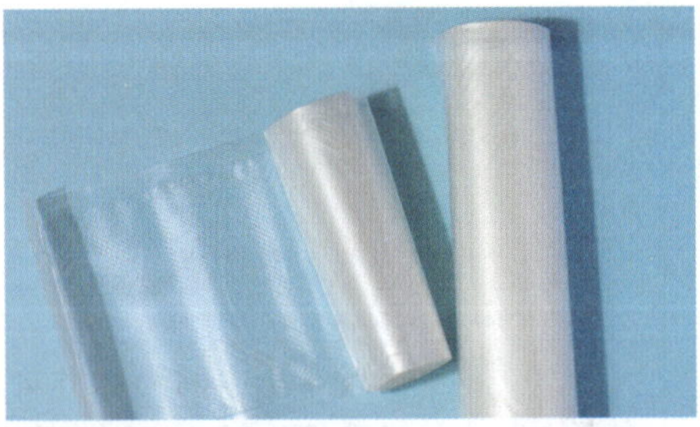
手枕	用于顾客搭靠手腕，提高顾客舒适度及操作便捷性	

续表

名称	说明	图示
一次性纸巾	用于擦拭皮肤（一客一换）	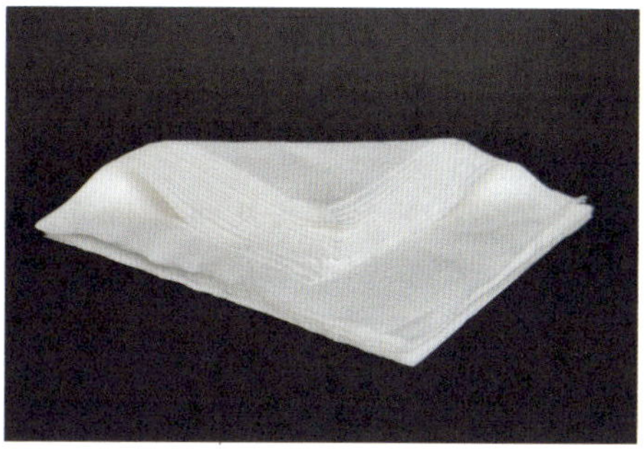
电热手套	可以促进护肤产品（如营养油、滋养乳液等）更好地被手部皮肤吸收；也可以通过加热为手部提供持续的热量，改善手部血液循环	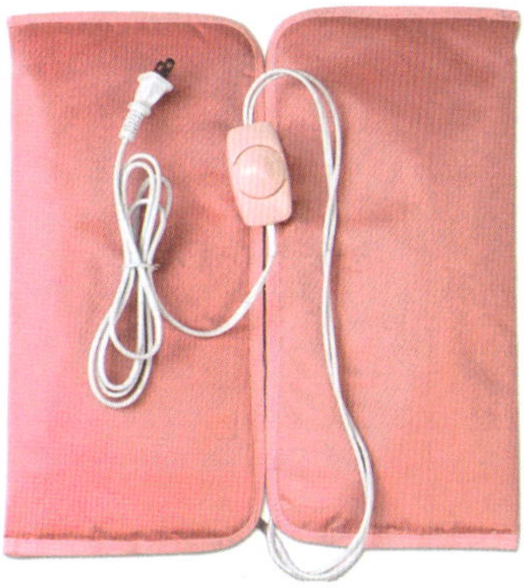
一次性放水袋	套在水盆里使用，避免交叉感染（一客一换）	
水盆	用于盛水（需要套一次性放水袋后使用）	

续表

名称	说明	图示
75%酒精	用于皮肤及用具消毒，75%是指体积分数	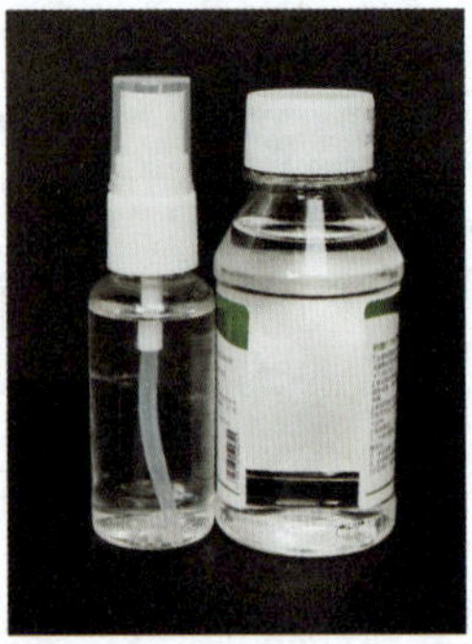
手部护理专用产品	包含手部清洁乳、手部去角质膏、手部按摩膏、手膜等	

操作技能

手部皮肤养护

操作准备

准备手部皮肤护理全套产品及工具等。

操作步骤

手部皮肤养护步骤：消毒—清洁—去角质—按摩—做手膜—加热与清洁—涂护手霜。

步骤1 消毒

用75%酒精对工具、自己及顾客①的双手进行消毒，如图3-1所示。

---

① 在操作前应了解顾客对酒精是否过敏，如果过敏则需要采用其他顾客能接受的消毒方式。

步骤 2　清洁

将适量清洁产品挤在手心上,并均匀地涂抹在顾客双手上,以揉捏手法清洁顾客指关节、指缝,去除表面污垢,如图 3-2 所示。

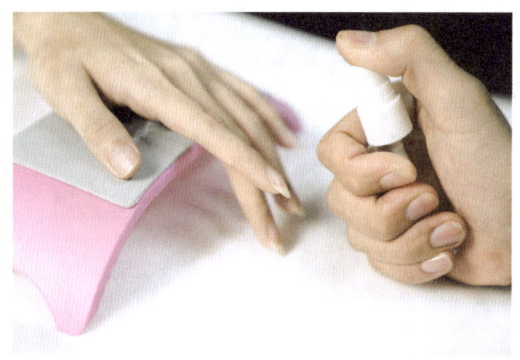

图 3-1　消毒

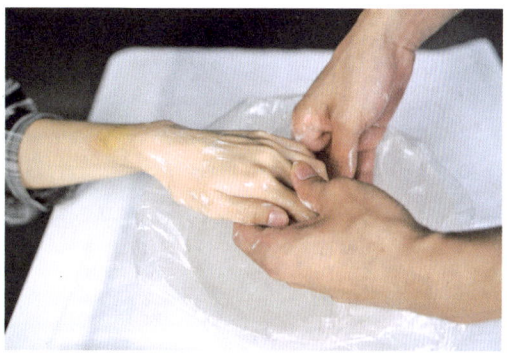

图 3-2　清洁

步骤 3　去角质

用手部去角质膏去除顾客手部皮肤的老化角质层,手法同清洁步骤,如图 3-3 所示。

步骤 4　按摩

将手部按摩膏涂抹在顾客手部,按摩 10 min。

步骤 5　做手膜

将手膜产品均匀地涂抹在顾客手部,用保鲜膜包裹好,如图 3-4 所示。

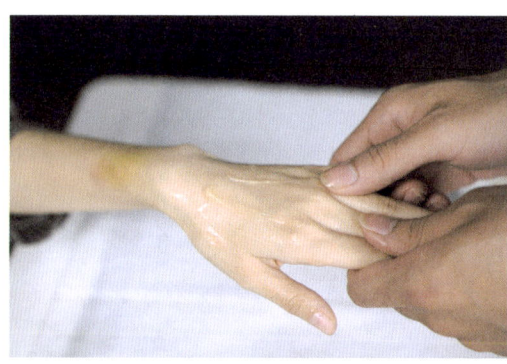

图 3-3　去角质

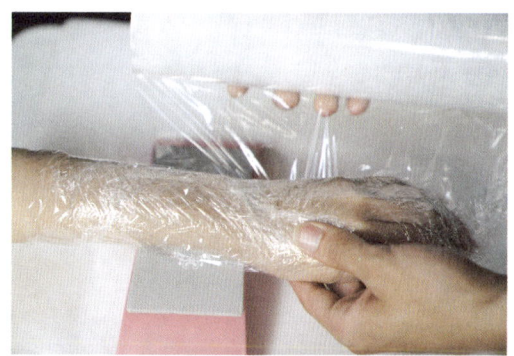

图 3-4　做手膜

步骤 6　加热与清洁

如图 3-5 所示,将顾客双手放在电热手套内加热 15~20 min,之后清洁顾客双手并用一次性纸巾擦干净。

指（趾）甲护理装饰

步骤 7　涂护手霜

取适量护手霜于手心中，并均匀地涂抹在顾客的手部和腕部，如图 3-6 所示。

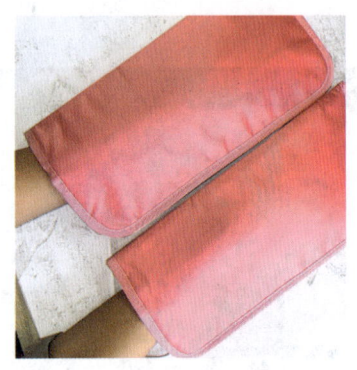

图 3-5　加热

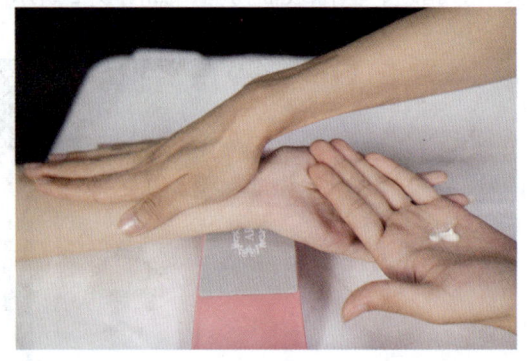

图 3-6　涂护手霜

注意事项

1. 每次清洁使用的水都要换新。

2. 在进行操作时，要告知顾客具体步骤的护理作用。

3. 电热手套的使用注意事项

（1）使用电热手套前必须检查其有无破损，如有破损应立即更换。

（2）在接通电热手套电源后，应将温度逐渐从低向高调节，严禁瞬时温度过高。

（3）无须使用电热手套时，应把电源插头拔下，待其冷却后再收好。

（4）在不使用电热手套时应保持其平整度，切勿重压或使其变形，以免其内部线路损坏。

学习单元 3

足部皮肤养护

一、足部按摩手法分解（见表3-5）

表3-5　　　　　　　　　　足部按摩手法分解

序号	手法名称	说明	图示
1	按摩脚背	双手握住顾客的一只脚，用两只手的拇指在脚背上从中间往两边打圈按摩	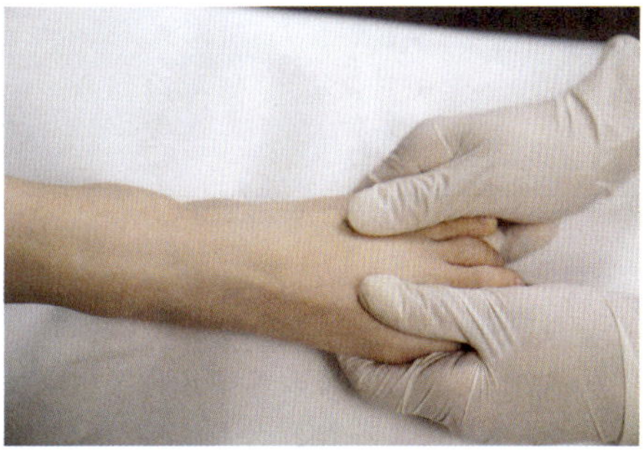
2	按摩脚踝	一只手握住顾客脚掌，另一只手握住顾客脚踝，用拇指打圈按摩脚踝	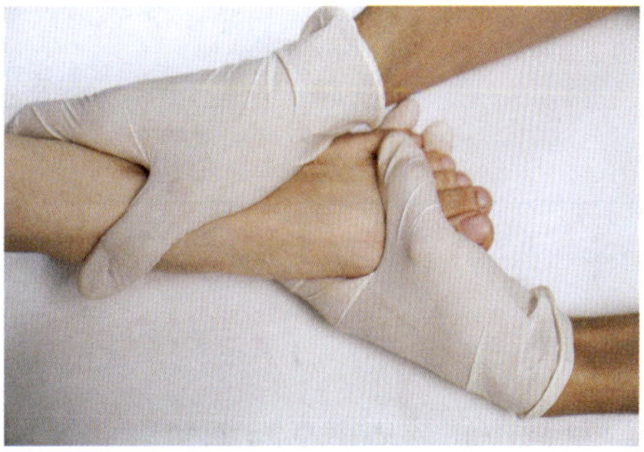

续表

序号	手法名称	说明	图示
3	按摩脚趾	一只手握住顾客脚跟，另一只手打圈按摩顾客的每一根脚趾，可以稍用力按压趾甲后端	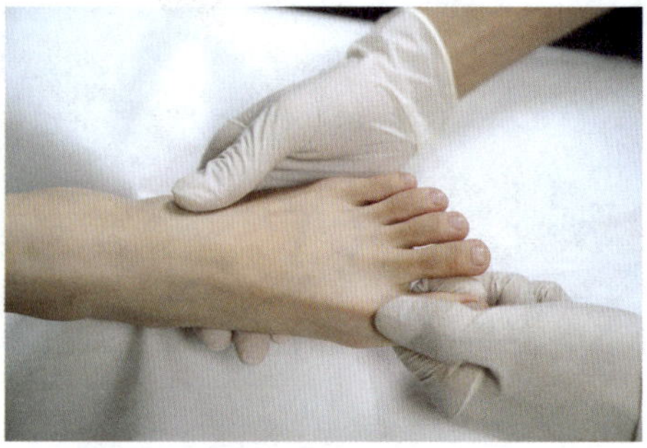
4	拨动脚趾	一只手握住顾客脚掌，另一只手的拇指从小脚趾往大脚趾方向同侧拨动脚趾	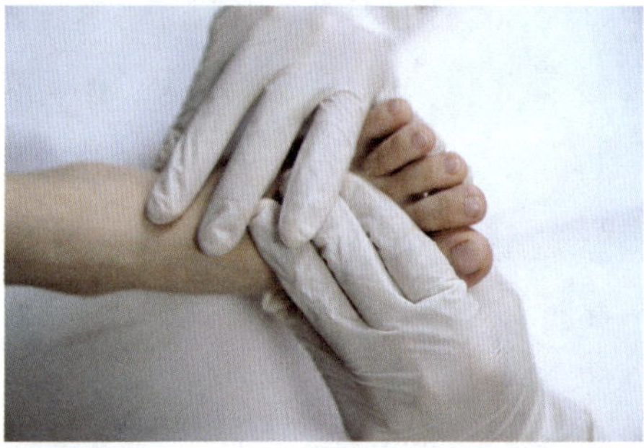
5	点按穴位	用拇指依次用力按压太冲穴、太溪穴、昆仑穴、涌泉穴	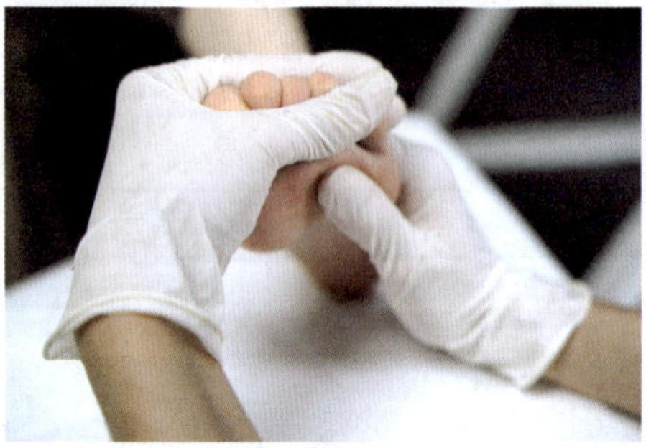
6	侧压足部	将顾客整只脚轻轻地按压至一侧，停顿5 s，再往另一侧按压，同样停顿5 s	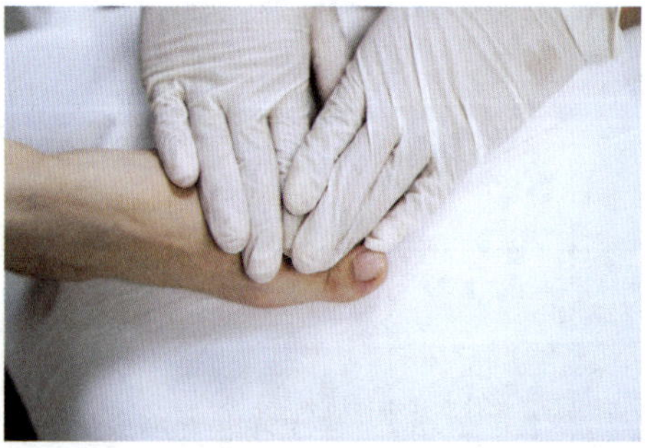

二、足部皮肤养护用品

足部皮肤养护用品与手部皮肤养护用品部分一致，专用于足部皮肤养护的用品见

表 3-6。

表 3-6　　　　　　　　　专用于足部皮肤养护的用品

名称	说明	图示
足部护理专用产品	包含足浴液、足部去角质膏、足部按摩膏、足膜等	
足浴盆	浴足使用（需要套一次性放水袋使用）	
一次性手套	保护操作者双手，避免接触感染（一客一换）	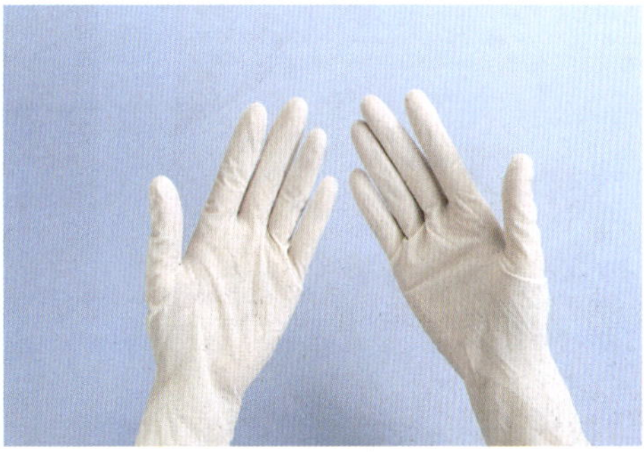
一次性磨砂搓脚板	用于清理足底硬皮及老茧（一客一换）	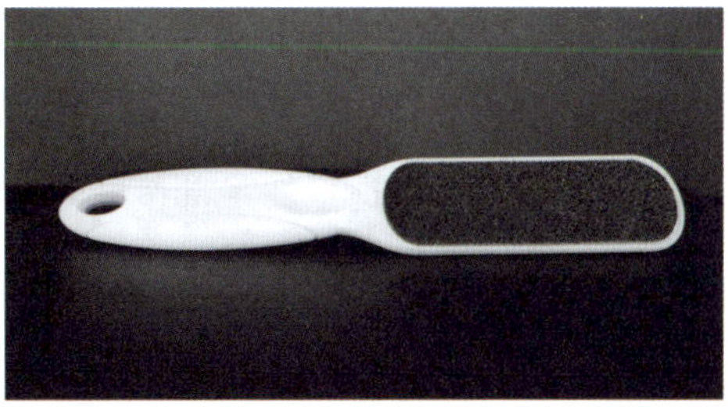

操作技能

足部皮肤养护

操作准备

准备足部皮肤护理全套产品及工具等。

操作步骤

足部皮肤养护步骤：浸泡双足—消毒—去角质—按摩—做足膜与清洁—足部保湿。

步骤1　浸泡双足

请顾客坐在足部护理专用沙发上，在足浴盆中加入足浴液和温水，请顾客浸泡双足 5 min，让足部皮肤变软，如图 3-7 所示；将顾客双足移出足浴盆，用一次性纸巾擦干。

步骤2　消毒

操作者对自己的双手及顾客左脚（先进行一只脚的护理）进行消毒。

步骤3　去角质

如图 3-8 所示，用一次性磨砂搓脚板清除脚掌和脚跟的硬皮、老茧，用足部去角质膏去除足部皮肤的老化角质层。

图 3-7　浸泡双足

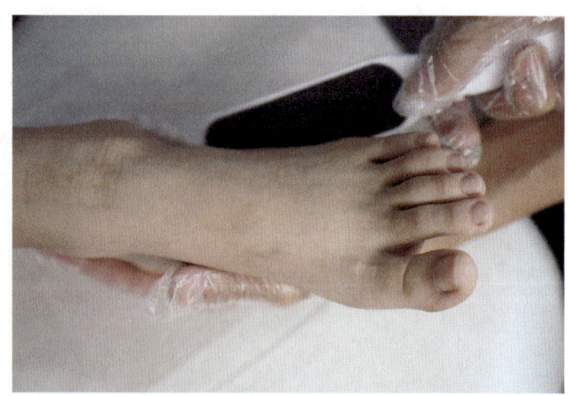

图 3-8　去角质

步骤4　按摩

在足部皮肤上涂抹适量的足部按摩膏，按摩 8~10 min。

步骤5　做足膜与清洁

将足膜产品均匀地涂抹在顾客足部皮肤上，裹保鲜膜（见图 3-9）等待 10~15 min，清洁双足。

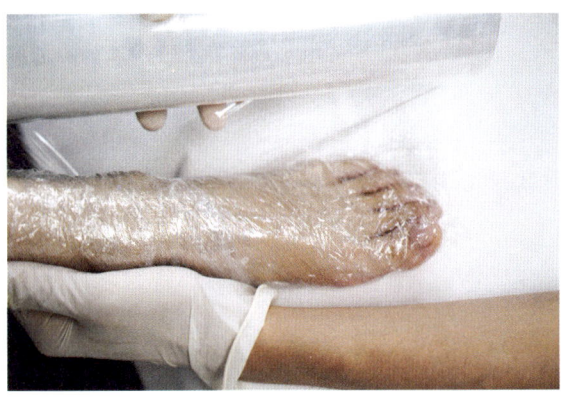

图 3-9 裹保鲜膜

步骤 6　足部保湿

在顾客足部涂抹营养油、护足霜。

按上述步骤完成右脚的皮肤养护。

注意事项

1. 在做足部皮肤养护前，需要询问顾客血压是否正常，按摩时需要根据顾客的要求施加合适的力度。

2. 操作前应确认顾客足部有无伤口，若有伤口则不建议顾客做足部皮肤养护。

3. 使用消毒后的工具和一次性用品，以确保卫生和安全。

4. 给顾客清理老茧时要小心操作，避免损伤顾客皮肤。

培训任务 4

自然甲护理、修饰和甲油胶卸除

学习单元 1

工具和耗材认识

常用指（趾）甲护理装饰工具见表 4-1，常用指（趾）甲护理装饰耗材见表 4-2。

表 4-1　　　　　　　　　　常用指（趾）甲护理装饰工具

类别	工具名称及图片		使用说明
打磨抛光类工具	打磨砂条		用于自然甲形状的修整、甲面的刻磨以及人造甲的塑形。目前使用较多的是100号、180号、240号，数字越小代表颗粒越粗糙，数字越大代表颗粒越细腻。使用后应置于紫外线消毒柜或臭氧消毒柜内消毒
	抛光条		用于自然甲的抛光处理，规格上有粗细之分。使用后应置于紫外线消毒柜或臭氧消毒柜内消毒
	海绵砂条		用于打磨指（趾）甲、去除油脂，使甲油胶更加牢固，规格上有粗细之分。使用后应置于紫外线消毒柜或臭氧消毒柜内消毒
	抛光打蜡皮锉		在甲面涂抹固态蜡后，用于对指（趾）甲进行抛光。使用后应置于紫外线消毒柜或臭氧消毒柜内消毒

续表

类别	工具名称及图片	使用说明
修剪类工具	指甲刀	用于修剪指甲，使用前后应用75%酒精消毒
	指皮推	用于推指皮，使用前后应用75%酒精消毒
	指皮剪	用于剪除指（趾）甲周围的倒刺和死皮，使用前后应用75%酒精消毒
	一字剪	一字剪又称U形剪，主要用于修剪延长甲。使用前后应用75%酒精消毒
烘干类工具	美甲光疗机（紫外线光疗灯、LED光疗灯）	用于烘干甲油胶等。美甲光疗机主要包括紫外线光疗灯和LED（发光二极管）光疗灯两种，目前后者应用更广

续表

类别	工具名称及图片		使用说明
绘制制作类工具（功能笔刷）	拉线笔		用于勾勒线条、包边、绘制图案等
	彩绘笔		用于绘制花瓣等图案及制作波纹晕染甲、腮红甲等
	光疗笔		用于涂延长胶、亮片闪粉及制作法式甲等
	硅胶笔		用于进行贴纸按压、雕花按压等操作
	点珠笔		用于粘贴美甲饰品及点绘图案
卸除类工具	打磨机		用于卸除甲油胶、款式甲等
	打磨头		用于快速卸除甲油胶、平整甲面、修饰溢胶污点等。不同的样式代表螺纹粗细的不同，建议初学者选用螺纹较细的样式。使用后应置于紫外线消毒柜或臭氧消毒柜内消毒

续表

类别	工具名称及图片	使用说明
卸除类工具	美甲吸尘器	在卸除甲油胶或者款式甲时,用于吸收所产生的粉尘
辅助类工具	手枕	用于顾客搭靠手腕,提高顾客舒适度及操作便捷性
	美甲底座	在美甲打版或制作穿戴甲时使用
	美甲黏土	放在美甲底座上,用来黏合美甲底座和甲片
	橘木棒	在其尖端缠绕脱脂棉后,用于清除指芯、甲沟等处残留的污垢,使用后置于紫外线消毒柜或臭氧消毒柜内消毒

续表

类别	工具名称及图片		使用说明
辅助类工具	粉尘刷		用于去除甲面粉尘，使用后应置于紫外线消毒柜或臭氧消毒柜内消毒
	剪刀		用于剪裁各种装饰用品
	镊子		用于夹取细小的美甲饰品，如亮钻、亮片、贴纸等

表4-2　　　　　常用指（趾）甲护理装饰耗材

类别	耗材名称及图片		使用说明
消毒类耗材	75%酒精		用于工具、皮肤等的消毒
功能养护类耗材	指皮软化剂		可以有效软化角质层

续表

类别	耗材名称及图片	使用说明
功能养护类耗材	亮油	可以增加甲面的光泽度
	营养油	可以为皮肤补充营养，预防皮肤老化
装饰制作类耗材	底胶	用于隔离甲面与甲油胶，防止甲面染色，保护本甲，同时增强甲油胶的附着力
	加固胶	起到坚固甲面的作用，可以用来填平甲面的不平整处，使甲面更光滑、平整
	封层胶	用于保护甲油胶和增加甲面的光泽度。常用的封层胶有免洗封层胶、擦洗封层胶、磨砂封层胶、钢化封层胶、镀晶封层胶，应结合款式甲需求选择适宜的封层胶

续表

类别	耗材名称及图片		使用说明
装饰制作类耗材	实色胶		瓶装实色胶可用自带刷头进行涂抹操作，罐装实色胶应配合功能笔刷使用
	建构胶		其硬度较高，用于塑形和加固，让甲面呈现完美弧度
	延长胶		用于延长本甲的长度
	流平胶		其流动性和流平性更好，可以用来流平甲面，但硬度往往不够
	转印胶		用于粘贴转印贴纸

续表

类别	耗材名称及图片	使用说明
装饰制作类耗材	粘钻胶	用于粘贴美甲饰品等
卸除类耗材	洗甲棉片	洗甲棉片又称卸甲棉片或卸甲巾，主要用于卸除甲油胶等和清洁指（趾）甲
	卸甲包	主要用于卸除甲油胶和甲片
	卸甲水	用于快速地清除指（趾）甲上的甲油胶等
	锡箔纸	用于包裹和固定卸甲水，有效防止卸甲水挥发和溢出，保护皮肤

学习单元 2

自然甲护理与修饰

一、常见甲形分析（见表4-3）

表4-3　　　　　　　　　常见甲形分析

图片和名称	特点	适合人群
方形甲	前端和边缘线呈直线，边角锋利，适合制作经典法式甲	适合手指关节较小、甲床较窄、手指笔直的人群
方圆形甲	前端平直，两侧边缘线有轻微弧度	适合手指瘦长、骨骼分明的人群

续表

图片和名称	特点	适合人群
圆形甲	前端为半圆形，弧度柔和，不易断裂	适合手指短胖、喜欢留短指甲的人群，搭配任何手形都不会显得突兀
尖圆形甲	前端较尖，易断裂，美观性较好，适宜搭配水晶甲或艺术美甲	适合指甲较厚、手指较细的人群
梯形甲	在方形甲的基础上，从两侧到指尖线条收得更窄，显得手指更加修长	适合时尚、有个性的年轻人群
椭圆形甲	相对于圆形甲，两侧打磨至弧度更大一些，显得手指更加纤细、优雅	适合甲面较宽、手指较短的人群

二、美甲光疗机的选用与维护保养

1. 美甲光疗机的选择

美甲光疗机又称美甲光疗灯,是指(趾)甲护理装饰工作中不可或缺的工具。美甲光疗机能快速固化涂抹在指(趾)甲上的甲油胶和光疗胶等,使其变硬而不易脱落。目前,业内常用的美甲光疗机包括紫外线光疗灯和 LED 光疗灯。

(1)紫外线光疗灯。紫外线光疗灯又称 UV 光疗机。其波长为 365~370 nm,具有较强的固化能力。使用紫外线光疗灯时需要遵守安全操作规范,避免直视紫外线灯。

(2)LED 光疗灯。LED 光疗灯以 405 nm 波长的蓝光为主,虽然没有紫外线,但同样能有效固化大部分光疗胶。相比于紫外线光疗灯,LED 光疗灯热量更低、辐射更少,对皮肤的影响较小,且能耗更低,非常适合对紫外线敏感的顾客。

2. 美甲光疗机的使用方法

美甲光疗机现在多装有感应灯,通电后可以设置照灯时间,顾客将手指伸入其中则感应灯自然亮起,照灯时间结束或收回手指则感应灯熄灭。

3. 美甲光疗机的维护保养

美甲光疗机的维护保养对维持其长期稳定工作和延长其使用寿命非常重要。以下是一些基本的维护保养工作内容。

(1)定期清洁。使用柔软的布或专用的清洁工具擦拭灯珠,避免使用含有酒精或磨砂成分的清洁剂,以免损坏灯珠。清理表面灰尘,保持通风良好,避免积尘影响美甲光疗机的使用效果。

(2)定期检查。定期检查灯珠是否有磨损或烧焦的迹象,如果发现灯珠亮度明显减弱或者不均匀,则需要换新。

使用前检查电源线,确保电源线没有破损。使用时确保插头与插座连接稳固,避免电源线过热或短路事故发生。

(3)正确存储。在不使用美甲光疗机时,应将其存放在干燥、阴凉的地方,避免阳光直射。同时,避免重压或碰撞,以免损坏零部件。

(4)专业维修。如果遇到无法自行解决的问题,如灯珠无法点亮、机身温度过高等,应寻求专业维修服务,不要自行拆卸。

(5)合理使用。不要在潮湿或高温环境下使用美甲光疗机。不要过度使用美甲光疗机,应按需适当关闭美甲光疗机,给予灯珠一定的冷却时间。

培训任务 4 | 自然甲护理、修饰和甲油胶卸除

操作技能

自然甲护理

操作准备

准备自然甲护理全套工具及耗材等。

操作步骤

自然甲护理步骤：消毒—修甲形—去指皮—修剪指皮及硬茧—抛磨甲面—清洁指甲—抛光甲面—涂营养油。

步骤 1　消毒

用 75% 酒精对工具和自己的双手消毒，然后请顾客将手放在手枕上，为顾客双手消毒，如图 4-1 所示。

步骤 2　修甲形

使用指甲刀修剪顾客的指甲（修剪至适宜长度即可），用 180 号打磨砂条横向沿一个方向（切忌来回）打磨，调整指甲前缘形状，如图 4-2 所示。

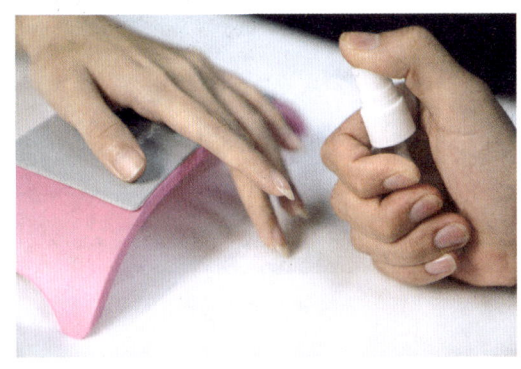
图 4-1　消毒

图 4-2　修甲形

步骤 3　去指皮

在指甲后缘处涂抹指皮软化剂（切忌过多涂抹，同时应避免涂到甲面上），加速指皮软化；用指皮推将指甲后缘的指皮轻轻地向甲根处推起，如图 4-3 所示。

步骤 4　修剪指皮及硬茧

用指皮剪剪去翘起的指皮及两侧甲沟的硬茧，如图 4-4 所示。修剪时应避免剪破皮，否则易导致感染。

指（趾）甲护理装饰

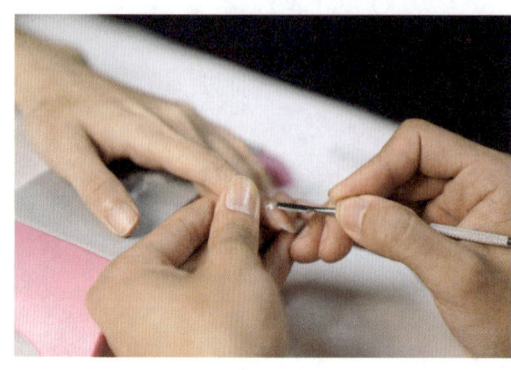

图 4-3 去指皮

图 4-4 修剪指皮及硬茧

步骤 5　抛磨甲面

用海绵砂条（由粗到细）对甲面进行横向抛磨，如图 4-5 所示。

步骤 6　清洁指甲

用橘木棒制作棉签，蘸取 75% 酒精清洁指甲边缘，包括指甲前缘背面的污渍，如图 4-6 所示。

图 4-5 抛磨甲面

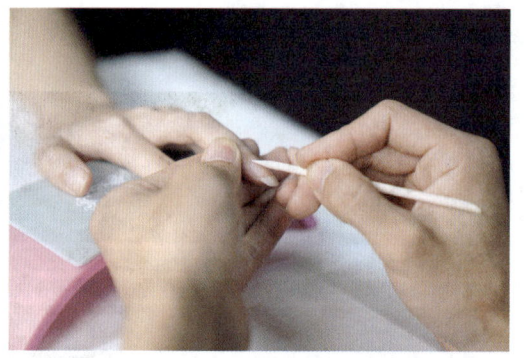

图 4-6 清洁指甲

步骤 7　抛光甲面

用抛光条（由粗到细）对甲面进行横向抛光，如图 4-7 所示。

步骤 8　涂营养油

在指甲后缘涂抹适量营养油，轻轻按摩指甲后缘至营养油被皮肤吸收，如图 4-8 所示。

注意事项

在送客后，应及时整理、清洁操作台，丢弃一次性用品，并按要求对工具进行消毒。这是所有操作项目完成后都应进行的。

培训任务 4 | 自然甲护理、修饰和甲油胶卸除

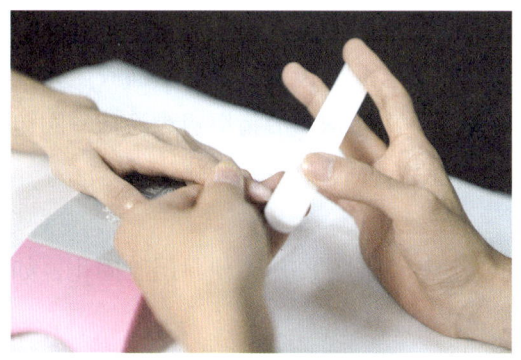

图 4-7　抛光甲面　　　　　　　　图 4-8　涂营养油

自然甲修饰

操作准备

准备自然甲修饰全套工具及耗材等。

操作步骤

自然甲修饰步骤：消毒—修甲形—去指皮—修剪指皮及硬茧—抛磨甲面—清洁指甲—涂底胶（照灯）—涂甲油胶（照灯）—涂封层胶（照灯）—清洁甲面。前 6 个步骤同上一项操作，下面从涂底胶（照灯）开始介绍操作内容。

步骤 1　涂底胶（照灯）

在甲面上从指甲后缘向指甲前缘均匀地薄涂一层底胶，如图 4-9 所示，在指甲前缘处要包边；涂好底胶后，照灯 60 s。

涂底胶的原则是涂得越薄越好。

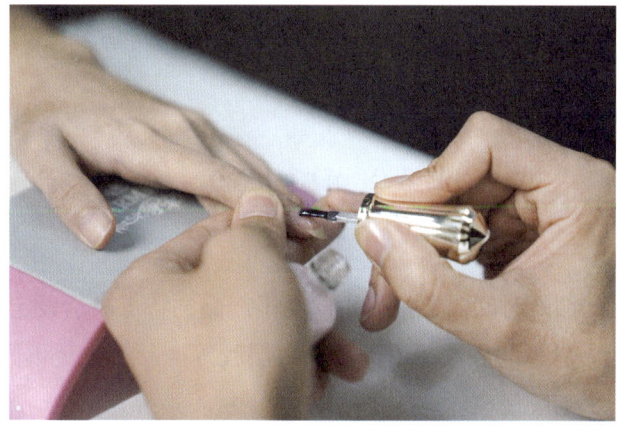

图 4-9　涂底胶

51

指（趾）甲护理装饰

步骤2　涂甲油胶（照灯）

用左手拇指和食指捏住顾客手指，同时左手其他手指和手掌拿住甲油胶瓶；如图4-10所示，右手用瓶刷蘸取少量甲油胶进行第一次涂抹，沿指甲边缘涂抹一圈包边，然后照灯60 s。采用同样的方法涂抹第二遍，使指甲的颜色更加饱满。

步骤3　涂封层胶（照灯）

涂封层胶的方法与涂甲油胶的方法相同，涂完后照灯120 s，使封层胶固化，如图4-11所示。

图4-10　涂甲油胶

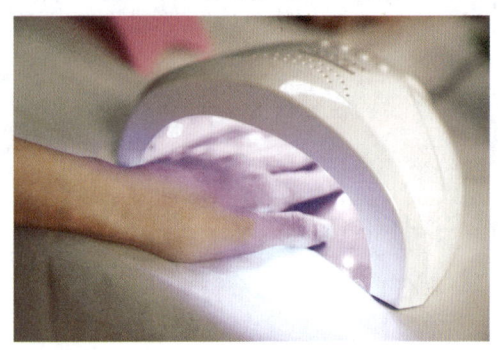
图4-11　照灯固化

步骤4　清洁甲面

用洗甲棉片蘸取适量干净的水或75%酒精清洁甲面。

自然甲修饰作品如图4-12所示。

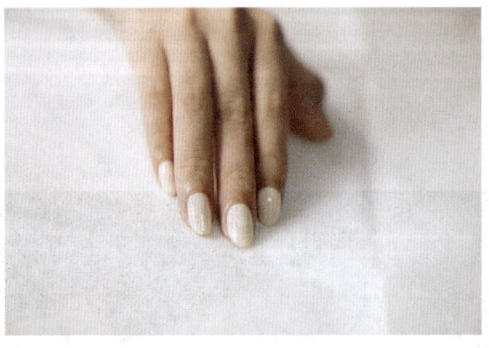
图4-12　自然甲修饰作品

注意事项

1. 美甲光疗机的照灯时间需要根据不同美甲产品的特点灵活设定。

2. 建议使用同一品牌的底胶、甲油胶、封层胶等产品，避免不同品牌产品叠加使用时涂抹过厚或产生缩胶现象。

3. 使用甲油胶后需要及时清理瓶口，并在拧紧瓶盖后将其置于阴凉处。

学习单元 3

甲油胶卸除

🎧 操作技能

手动卸除甲油胶

操作准备

准备手动卸除甲油胶的全套工具及耗材等。

操作步骤

手动卸除甲油胶步骤：消毒—打磨甲面—包卸甲包—清理甲油胶—打磨残留甲油胶—清洁与护理指甲。

步骤 1　消毒

用 75% 酒精对工具、自己及顾客的双手进行消毒。

步骤 2　打磨甲面

用海绵砂条对涂有甲油胶的甲面进行打磨，如图 4-13 所示。

步骤 3　包卸甲包

如图 4-14 所示，用卸甲包包裹指甲，以分解、软化甲油胶，保持 10~15 min。

步骤 4　清理甲油胶

用指皮推去除甲油胶，如图 4-15 所示。

步骤 5 打磨残留甲油胶

用海绵砂条对残留的甲油胶进行打磨，使甲面平整、光滑，如图 4-16 所示。

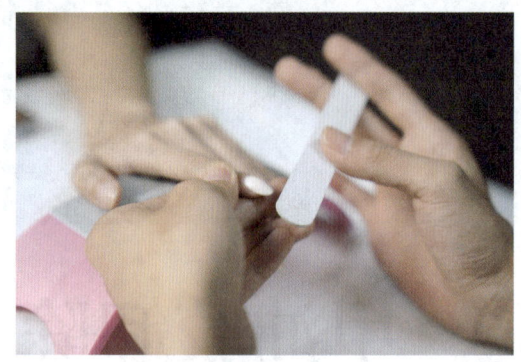

图 4-13 打磨甲面

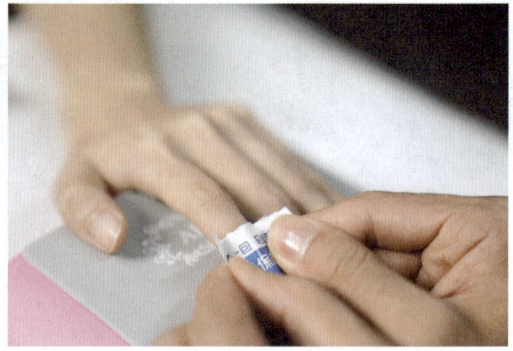

图 4-14 包卸甲包

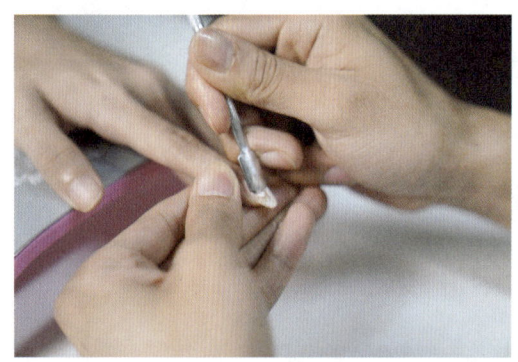

图 4-15 清理甲油胶

图 4-16 打磨残留甲油胶

步骤 6 清洁与护理指甲

将甲油胶完全卸除后，用洗甲棉片蘸取适量干净的水或 75% 酒精清洁甲面，如图 4-17 所示，然后在指甲后缘涂抹适量营养油并按摩。

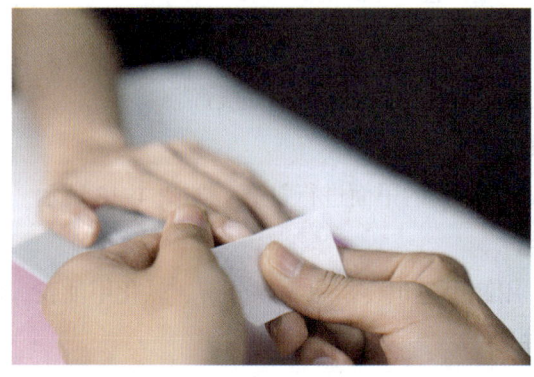

图 4-17 清洁甲面

打磨机卸除甲油胶

操作准备

准备打磨机卸除甲油胶的全套工具及耗材等。

操作步骤

打磨机卸除甲油胶步骤：消毒—选择打磨头—用打磨机打磨甲面—用海绵砂条打磨甲面—清洁与护理指甲。

步骤1 消毒

用 75% 酒精对工具、自己及顾客的双手进行消毒。

步骤2 选择打磨头

观察顾客的美甲情况，根据甲油胶的厚度选择合适的打磨头。

步骤3 用打磨机打磨甲面

安装打磨头，调整打磨方向；请顾客将手部放在美甲吸尘器上方，从指甲后缘向指甲前缘分三段式进行直线打磨，直至将甲油胶打磨干净。

步骤4 用海绵砂条打磨甲面

用海绵砂条将卸除甲油胶后的甲面打磨平整。

步骤5 清洁与护理指甲

用洗甲棉片蘸取适量干净的水或 75% 酒精清洁甲面及指甲前缘背面，如图 4-18 所示，然后在指甲后缘涂抹适量营养油并按摩。

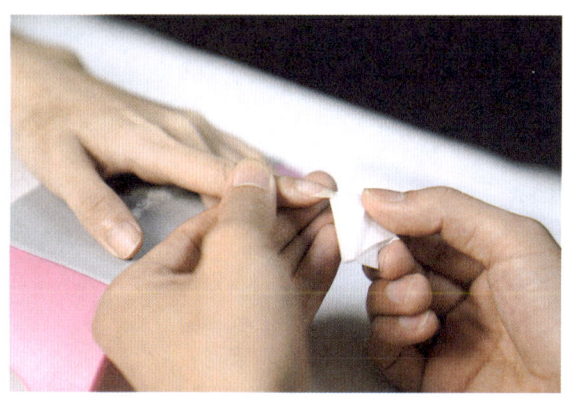

图 4-18　清洁指甲

注意事项

1. 用打磨机打磨甲面之前，操作者应先用自己的手心感受打磨机转向、转速及传热的情况，以保证操作时顾客的舒适度，同时保证操作安全。

2. 使用打磨机时应单向打磨，不能来回打磨，防止打磨头打滑而发生危险。也不能让打磨头在一个部位停留，防止打磨头高速旋转产生的热量灼伤甲床。

3. 操作完成后，先用清水清洗打磨头，再用 75% 酒精浸泡打磨头 1 min，然后将打磨头擦拭干净，放入消毒盒或消毒柜中。

培训任务 5

人造甲制作与卸除

学习单元 1

人造甲基础知识

一、人造甲的种类

人造甲的种类见表 5-1，本教材重点介绍贴片甲的相关内容。

表 5-1　　　　　　　　　　人造甲的种类

人造甲种类	优点	缺点	适合人群
贴片甲	价格较低，除全贴片外都可以二次利用，容易卸除，便于操作	对本甲形状有一定要求，硬度不够需要做二次建构和加固	适合追求性价比的人群
光疗甲	在本甲上用延长胶直接延长，硬度高，塑形效果好，比贴片甲更自然、舒适，具有改变甲形、修复问题甲的功能	操作时间长，技术难度大，收费较高	适合所有甲形人群
水晶甲	坚固程度高，对又扁又宽本甲的矫正效果极佳	操作难度大，耗材味道大	适合需要矫正甲形，以及本甲薄、软且又扁又宽的人群

二、贴片甲的种类

贴片甲的种类见表 5-2。

表 5-2　　　　　　　　　　　　　　　贴片甲的种类

贴片甲种类	图片	优点	缺点	适合人群
全贴片		无须打磨，操作要求较低，收费较低	后缘容易起翘，持久度一般	追求操作时间短的人群
半贴片		牢固度高，能稍微改善甲形，半贴片可以二次利用	需要打磨本甲及甲片后缘，不能解决所有甲形问题	本甲正常、不需要延长矫正的人群
浅贴片		效果自然，舒适度高，能够有效矫正本甲	耗时较长，操作难度较大	追求高品质、需要调整问题甲的人群
高位半贴片		不易起翘，边缘自然，持久度较好	对本甲形状有要求	适合甲床较短的人群

三、常用的贴片胶

常用的贴片胶见表 5-3。

表 5-3　　　　　　　　　　　　常用的贴片胶

名称	图片	优点	缺点	维持天数
美甲胶水		牢固度较强	操作时动作要快，操作不当会损伤本甲，粘贴过的甲片不能重复使用	15～30 天
甲片黏合剂		黏性较强	流动性较强，需要照灯固化	约 20 天

学习单元 2

贴片甲制作

 操作技能

全贴片制作

操作准备

准备全贴片制作全套工具及耗材等。

操作步骤

全贴片甲制作步骤：消毒—选择甲片—处理本甲—打磨甲片后缘—粘贴甲片—修剪甲片及打磨甲片前缘—清洁甲片。

步骤 1　消毒

如图 5-1 所示，用 75% 酒精对工具及自己和顾客的双手进行消毒。

步骤 2　选择甲片

按照顾客甲床宽度选择合适的全贴片，如图 5-2 所示。

步骤 3　处理本甲

如图 5-3 所示，为顾客修甲形并去指皮、打磨甲面，以本甲超出指芯 1~2 mm 为宜。

步骤 4　打磨甲片后缘

如图 5-4 所示，打磨甲片后缘，使其与指甲后缘吻合。

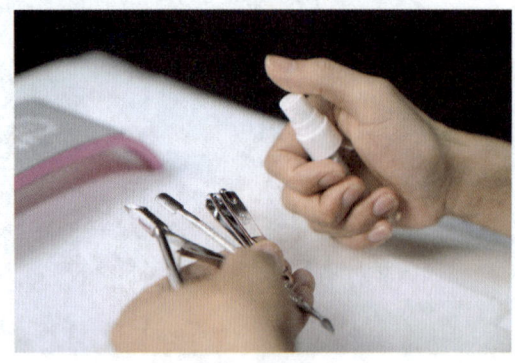

图 5-1 消毒

图 5-2 选择甲片

图 5-3 处理本甲

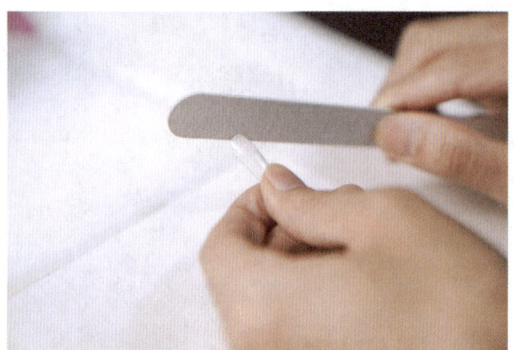

图 5-4 打磨甲片后缘

步骤 5　粘贴甲片

取适量美甲胶水涂抹在甲片凹面后部,用手指捏住甲片前缘,将甲片从指甲后缘往指尖按压粘贴,应排除空气,如图 5-5 所示。在甲片与本甲贴合后停留 10 s,等待固化。

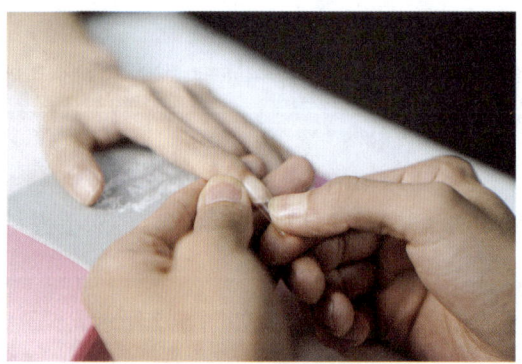

图 5-5 粘贴甲片

步骤 6　修剪甲片及打磨甲片前缘

与顾客沟通适宜的修剪长度,用 U 形剪修剪甲片前缘,如图 5-6 所示;用 180 号打磨砂条打磨甲片前缘。

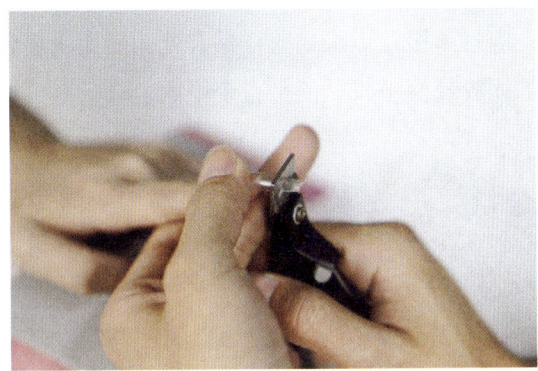

图 5-6　修剪甲片

步骤 7　清洁甲片

按操作规范为顾客清洁甲片。

全贴片制作效果如图 5-7 所示，之后可以结合顾客需求设计并制作贴片甲款式。

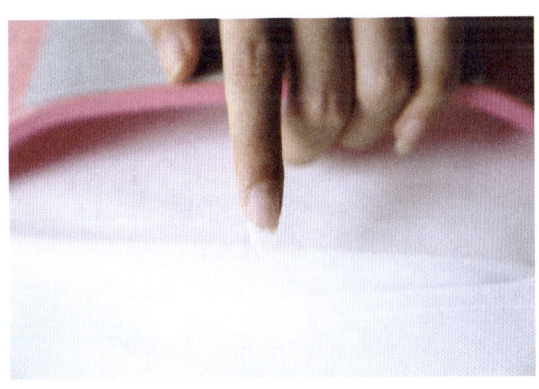

图 5-7　全贴片制作效果

半贴片制作

操作准备

准备半贴片制作全套工具及耗材等。

操作步骤

半贴片制作主要步骤如图 5-8 所示。半贴片制作步骤与全贴片类似，区别在于以下几点。

1.在粘贴甲片时,用手指捏住甲片前缘,将甲片从本甲中段往指尖按压粘贴,应排除空气,使甲片与本甲贴合。

2.在粘贴甲片后,应打薄甲片后缘,这样贴合处才能无明显台阶。

3.涂底胶,并涂加固胶或流平胶,流平整个甲面。

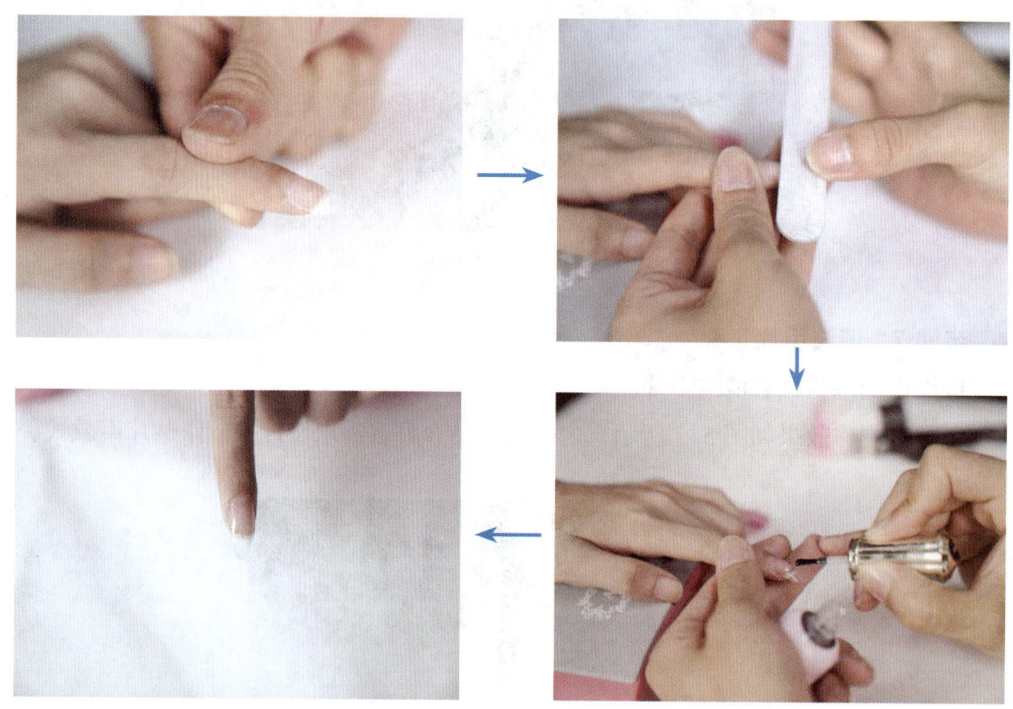

图5-8 半贴片制作主要步骤

浅贴片制作

操作准备

准备浅贴片制作全套工具及耗材等。

操作步骤

浅贴片制作步骤与全贴片类似,区别在于以下几点。

1.在粘贴甲片时,用手指捏住甲片前缘,把甲片从本甲前段(以覆盖ab点为准)往指尖方向按压,应排除空气,使甲片与本甲贴合。

2.在粘贴甲片后,应打薄甲片高于本甲的台阶处,使其与本甲平整度一致。

3.涂底胶,并涂加固胶或流平胶,流平整个甲面。

学习单元 3

贴片甲卸除

 操作技能

贴片甲卸除

操作准备

准备贴片甲卸除全套工具及耗材等。

操作步骤

贴片甲卸除步骤：消毒—选择打磨头—打磨甲油胶—卸除贴片甲—打磨甲面—清洁指甲—涂营养油。

步骤 1　消毒

对工具及自己和顾客的双手进行消毒。

步骤 2　选择打磨头

观察顾客的美甲情况，根据甲油胶的厚度选择合适的打磨头。

步骤 3　打磨甲油胶

安装打磨头，调整打磨方向；请顾客将手部放在美甲吸尘器上方，从指甲后缘向指甲前缘分三段式进行直线打磨，直至将甲油胶打磨干净。

步骤4　卸除贴片甲

用卸甲包包裹贴片甲 10~15 min，待其软化后将其卸除。

步骤5　打磨甲面

卸去贴片甲后，用海绵砂条将本甲甲面打磨平整。

步骤6　清洁指甲

用洗甲棉片蘸取适量干净的水或 75% 酒精清洁甲面及指芯。

步骤7　涂营养油

在指甲后缘涂抹适量营养油，轻轻按摩指甲后缘至营养油被皮肤吸收。

培训任务 6

指甲装饰

学习单元 1

色彩与构图基础知识

🔤 知识要求

一、色彩基本原理

1. 三原色

原色是指可混合生成其他颜色的三种基本颜色。这三种颜色中的任意一种均不能通过其他两种混合而生成。在本教材中，三原色特指颜料三原色，即红、黄、蓝，如图 6-1 所示。

2. 间色

由两种原色以等比例混合而成的颜色称为间色，如橙（红 + 黄）、紫（红 + 蓝）、绿（蓝 + 黄）。颜料三间色如图 6-2 所示。

3. 色彩三属性（见图 6-3）

（1）色相。色相又称色调，是指色彩的相貌。

（2）纯度。纯度是指色彩的鲜艳和深浅程度。

（3）明度。明度是指色彩的明暗程度。

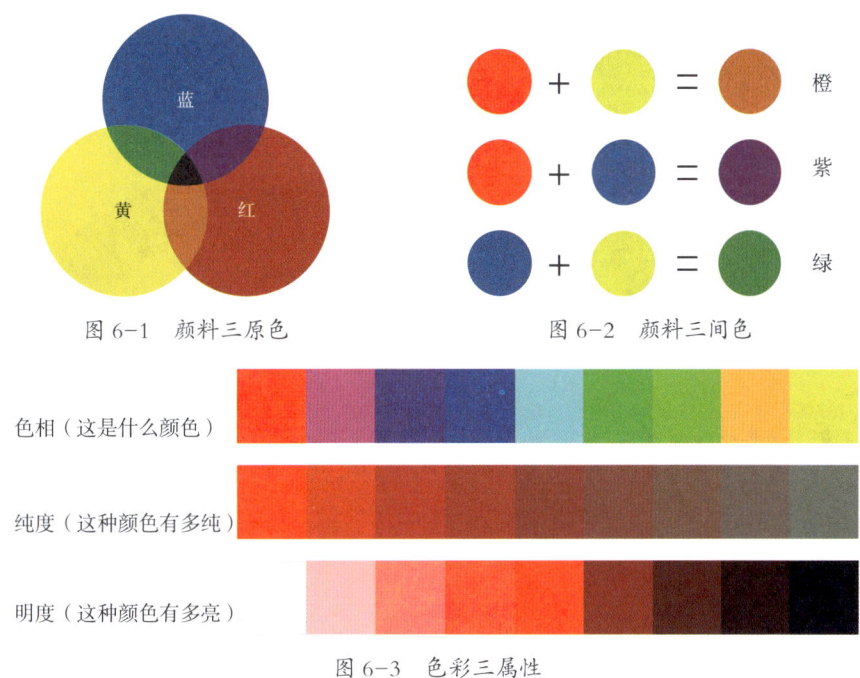

图 6-1　颜料三原色　　　　图 6-2　颜料三间色

图 6-3　色彩三属性

二、构图基本原理

1. 视觉中心

甲面有弧度，指甲的主要装饰图案应设计在指甲的中前段。因为该位置处于指甲的视觉中心，能够最大程度地展示图案的完整性和美观性，同时避免因弧度导致的图案变形或不完整显示，从而确保装饰图案达到最佳视觉效果。

2. 对称与均衡

某个图案上下或左右完全相等的构图称为对称，其特点是规整、平稳；某个图案上下或左右不对称的构图称为非对称，其特点是活泼、生动。

在构图中，均衡是指画面中各元素分布的一种平衡状态。均衡的构图具有和谐、稳定的特点，不会给人以头重脚轻或左重右轻的感觉。均衡可以通过多种方式实现，包括对称、非对称平衡（即通过视觉重量的合理分配达到平衡）等。

3. 点、线、面的排列

设计点、线、面的排列方式是构图的基本思路。通常小的色块被称为点，其有大小、疏密的变化。线是点的延长，有曲直、疏密、交叉的变化。面是指面积较大的色块，在形状和大小上有区别。

学习单元 ②

彩妆指甲

美甲贴纸的类型见表 6-1。

表 6-1　　　　　　　　　　美甲贴纸的类型

名称	图片	使用说明
水印贴纸		水印贴纸质地轻薄，使用时需要将其泡在水中浸湿。将其贴在甲面上后需要按压至服帖，在呈现无痕的效果后，还要对整个甲面进行加固、封层
3D 贴纸		3D 贴纸是一种有凹凸感、呈现立体效果的贴纸。操作时直接用镊子取下，贴在甲面上加固、封层即可

续表

名称	图片	使用说明
转印贴纸		转印贴纸正面是亮面，反面是磨砂面。在指甲上涂底胶、照灯固化后，先涂抹转印胶，然后按压转印贴纸在适宜的位置即可

操作技能

水印贴纸装饰

操作准备

准备水印贴纸装饰全套工具及耗材等。

操作步骤

水印贴纸装饰步骤：自然甲基础护理（操作内容参看前文）—水印贴纸泡水处理—甲面打底处理—贴水印贴纸—涂封层胶。

步骤1　水印贴纸泡水处理

将顾客选好的水印贴纸剪下来，如图6-4所示，放在干净的水中浸泡5~8 s。

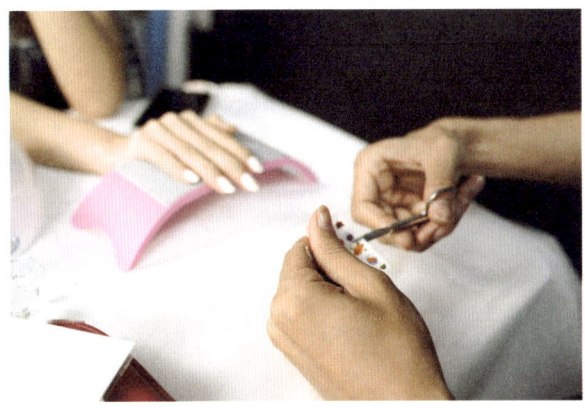

图6-4　水印贴纸泡水处理

步骤2　甲面打底处理

在顾客的指甲上涂抹一层底胶、两层实色胶，每层各照灯60 s。

指（趾）甲护理装饰

步骤 3　贴水印贴纸

将水印贴纸放在甲面的合适位置上，用镊子抚平后用硅胶笔压实，如图 6-5 所示。

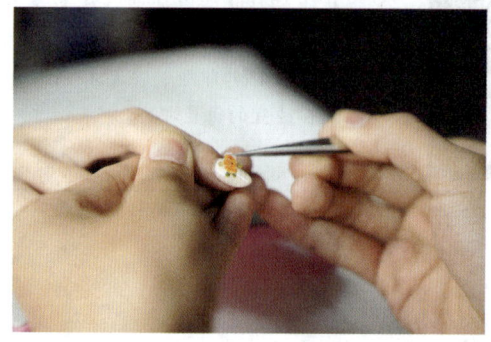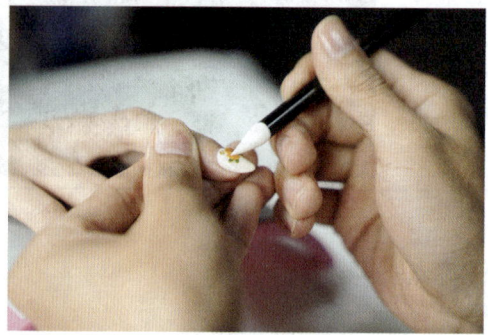

图 6-5　贴水印贴纸

步骤 4　涂封层胶

在甲面上涂抹一层封层胶，照灯 60 s，使水印贴纸更牢固、更具有光泽度且不易脱落。

水印贴纸装饰作品如图 6-6 所示。

图 6-6　水印贴纸装饰作品

3D 贴纸装饰

操作准备

准备 3D 贴纸装饰全套工具及耗材等。

操作步骤

3D 贴纸装饰步骤：自然甲基础护理（操作内容参看前文）—甲面打底处理（操作

内容参看前文）—贴 3D 贴纸—涂加固胶和封层胶。

步骤 1　贴 3D 贴纸

用镊子取下 3D 贴纸，放在已打好底的甲面的合适位置上，用镊子抚平后用硅胶笔压实，如图 6-7 所示。

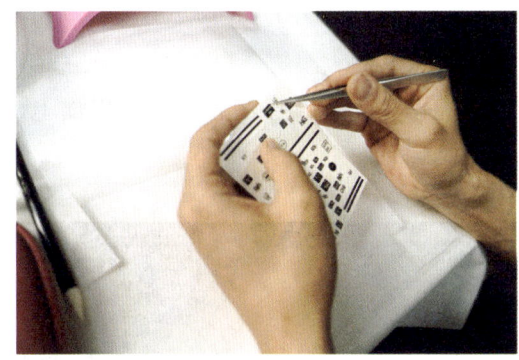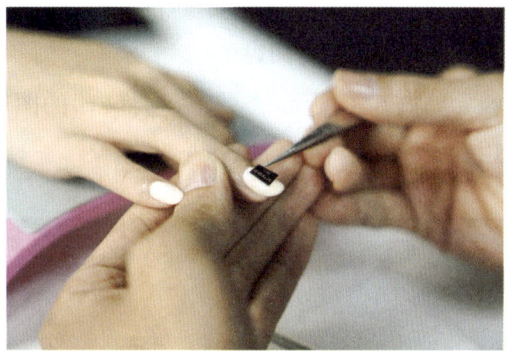

图 6-7　贴 3D 贴纸

步骤 2　涂加固胶和封层胶

为避免 3D 贴纸起翘，通常先涂一层加固胶并照灯 60 s，再涂一层封层胶并照灯 60 s，使其更牢固、更具有光泽度且不易脱落。

3D 贴纸装饰作品如图 6-8 所示。

图 6-8　3D 贴纸装饰作品

转印贴纸装饰

操作准备

准备转印贴纸装饰全套工具及耗材等。

操作步骤

转印贴纸装饰步骤：自然甲基础护理（操作内容参看前文）—甲面打底处理（操作内容参看前文）—涂转印胶—贴转印贴纸—涂封层胶。

步骤 1　涂转印胶

在打好底的全甲面或设计有图案的局部位置涂转印胶，如图 6-9 所示。

步骤 2　贴转印贴纸

如图 6-10 所示，剪下需要转印的图案，将亮面朝上、磨砂面朝下放在甲面上，用硅胶笔按压平整后揭开透明膜。

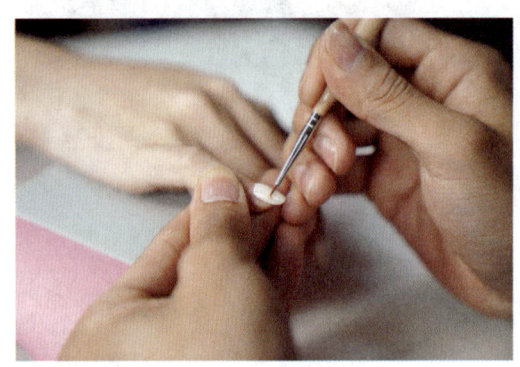
图 6-9　涂转印胶

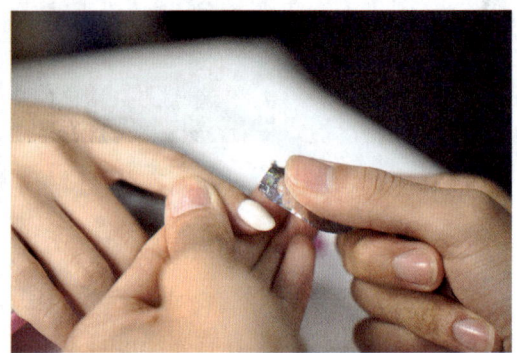
图 6-10　贴转印贴纸

步骤 3　涂封层胶

在甲面上涂一层封层胶并照灯 60 s，使转印贴纸更牢固、更具有光泽度且不易脱落。转印贴纸装饰作品如图 6-11 所示。

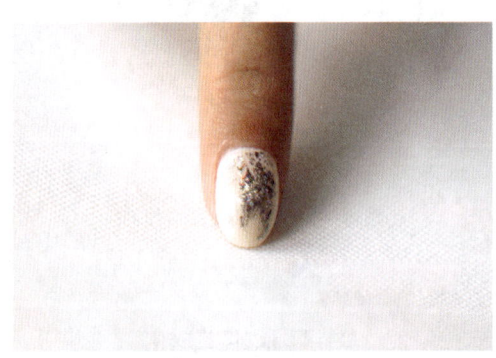
图 6-11　转印贴纸装饰作品

学习单元 3

手绘指甲

在学习本单元之前,应准备彩绘全套工具及耗材等。

一、花卉类手绘甲

1. 五瓣花绘制方法

(1)花瓣定位(见图 6-12)。用彩绘笔围绕某中心点画出 5 条定位线,照灯 60 s。

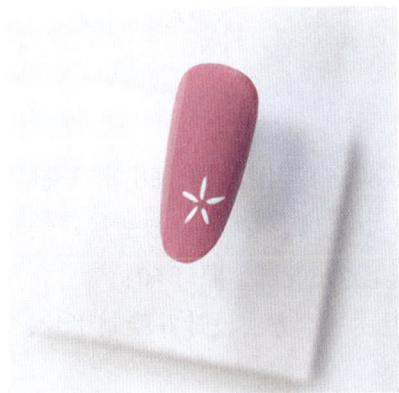

图 6-12 花瓣定位

(2)手绘花瓣(见图 6-13)。用彩绘笔直上直下蘸取彩绘胶,采用重压轻提的方法，以两边画括号、中间填色的方式画出花瓣；手绘花蕊，或用点珠笔蘸取彩绘胶点出花蕊，照灯 60 s。

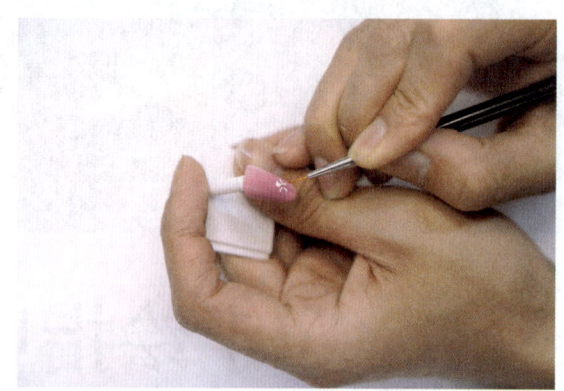

图 6-13 手绘花瓣

（3）作品呈现。按照上述基本方法设计并绘制甲片，五瓣花绘制作品如图 6-14 所示。

图 6-14 五瓣花绘制作品

2. 小雏菊绘制方法

（1）小雏菊定位（见图 6-15）。用拉线笔画出小雏菊的"米"字定位线。

（2）手绘花瓣（见图 6-16）。用拉线笔蘸取适量彩绘胶在定位线上画出花瓣，并在花瓣中心用拉线笔或点珠笔点出花蕊，照灯 60 s。

（3）作品呈现。按照上述基本方法设计并绘制甲片，小雏菊绘制作品如图 6-17 所示。

图 6-15 小雏菊定位

图 6-16 手绘花瓣

图 6-17 小雏菊绘制作品

3. 玫瑰花绘制方法

（1）花蕊定位（见图 6-18）。在甲面上找到合适的位置，画出左右交错的小括号进行花蕊定位。

图 6-18 花蕊定位

（2）彩绘花瓣（见图6-19）。用拉线笔蘸取彩绘胶，以画括号的方式绘制第一层花瓣，手法宜轻-重-轻，以得到中间粗两边细的花瓣，照灯60 s。采用以上手法绘制玫瑰花外层的不规则月牙形花瓣，不同层花瓣应相互交错，可以画2~4层增加层次感，照灯60 s。

（3）作品呈现。按照上述基本方法设计并绘制甲片，玫瑰花绘制作品如图6-20所示。

图6-19 彩绘花瓣

图6-20 玫瑰花绘制作品

二、线条类手绘甲

1. 棋盘格绘制方法

（1）甲面画线（见图6-21）。先用拉线笔蘸取黑色彩绘胶，在甲面画两条竖线，将甲面在纵向上三等分，照灯60 s；再以两条竖线的间距为高度差，从上到下绘制若干条横线，照灯60 s。

（2）填充色块（见图6-22）。确定需要填充的方格位置（黑、白色块间隔即可），用拉线笔填充色块，照灯60 s。

（3）作品呈现。棋盘格绘制作品如图 6-23 所示。

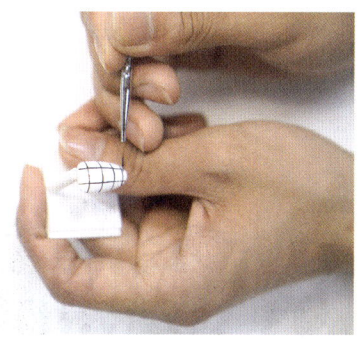

图 6-21　甲面画线

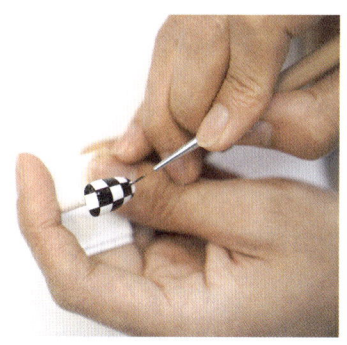

图 6-22　填充色块

图 6-23　棋盘格绘制作品

2. 菱形格绘制方法

（1）交叉线定位（见图 6-24）。用拉线笔蘸取适量彩绘胶，在甲面上画两条细细的 X 形交叉线，照灯 60 s。

（2）等距绘线条（见图 6-25）。用拉线笔等距离地画出与两条交叉线平行的其他线条，照灯 60 s。注意，一定要控制好线条的距离和菱形格的大小。

图 6-24　交叉线定位

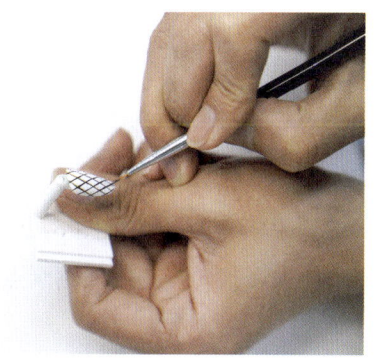

图 6-25　等距绘线条

（3）填充色块。先点涂想要填充的菱形格，以防后续涂错格子。然后在点涂的菱形格里涂满黑色彩绘胶，照灯 60 s。

（4）作品呈现。按照上述基本方法设计并绘制甲片，菱形格绘制作品如图 6-26 所示。

图 6-26　菱形格绘制作品

3. 花形蕾丝绘制方法

（1）花蕊定位（见图 6-27）。用彩绘笔蘸取适量彩绘胶进行定位和定点，画出花蕊的弧形范围和中心点。

（2）手绘花瓣（见图 6-28）。从弧线的一端开始，轻点 3 个均分点（定出花瓣的位置）并画出延伸短线；接着点出花瓣的最高点，把最高点和延伸短线用弧线连接，画出花瓣，照灯 60 s。

图 6-27　花蕊定位

图 6-28　手绘花瓣

（3）手绘蕾丝边（见图 6-29）。在花瓣外侧和花瓣边缘等距离点上圆点。注意，圆点不要太密集。将花瓣外侧圆点用弧线连起来，形成蕾丝边纹样，照灯 60 s。

（4）作品呈现。按照上述基本方法设计并绘制甲片，花形蕾丝绘制作品如图 6-30 所示。

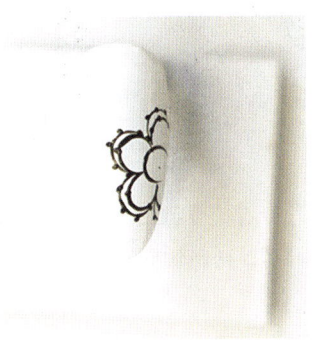

图 6-29　手绘蕾丝边　　　　　　　　图 6-30　花形蕾丝绘制作品

4. 网格蕾丝绘制方法

（1）波浪线定位（见图 6-31）。用彩绘笔蘸取适量彩绘胶画出波浪线，并在波浪线上点出一个中心点。

（2）圆弧连接及斜线添加（见图 6-32）。在波浪线上方适当位置点两个高点，分别从波浪线两个端点出发画圆弧线，两条圆弧线各经过一个高点并在中心点相连。在圆弧线和波浪线围出来的区域中先画一组同方向的斜线，线与线的距离要尽量相等，再画另一组反方向的斜线，形成网格纹样。

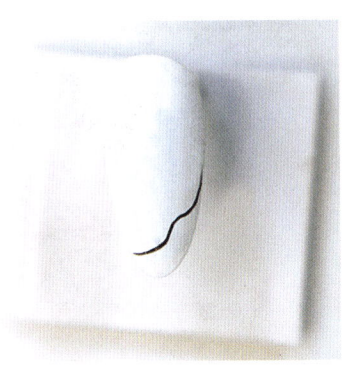
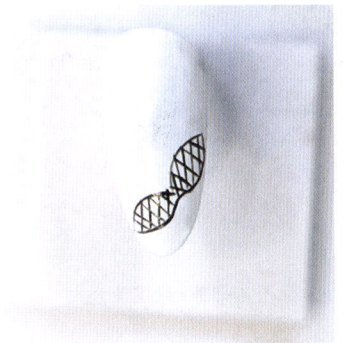

图 6-31　波浪线定位　　　　　　　　图 6-32　圆弧连接及斜线添加

（3）手绘蕾丝边（见图 6-33）。在波浪线和圆弧线上画小半圆和圆点，形成蕾丝边纹样，照灯 60 s。

（4）作品呈现。按照上述基本方法设计并绘制甲片，网格蕾丝绘制作品如图 6-34 所示。

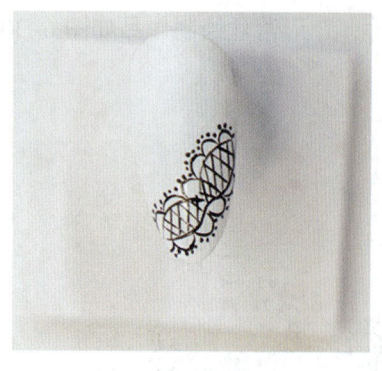

图 6-33 手绘蕾丝边

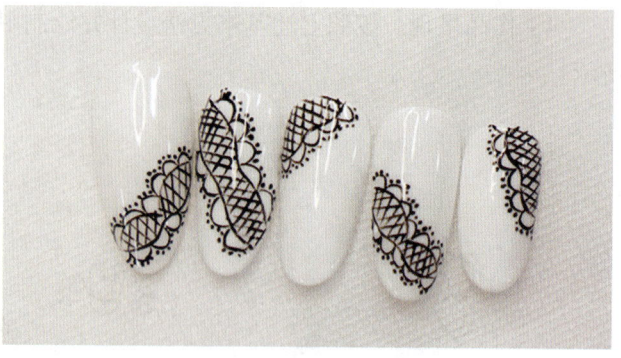

图 6-34 网格蕾丝绘制作品

三、经典法式甲制作方法

1. 确定高度线（见图 6-35）

用拉线笔蘸取适量甲油胶，在指尖靠下位置画出横线，作为法式甲的高度线。

2. 确定中心点（见图 6-36）

在高度线中间点出中心点。

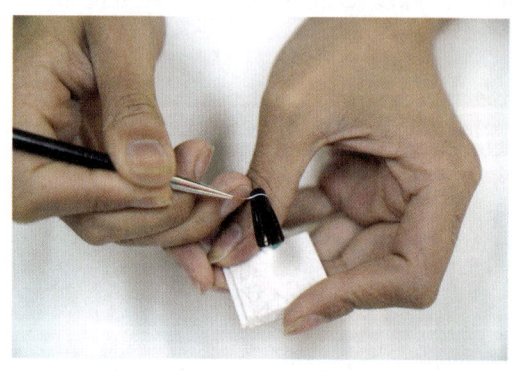

图 6-35 确定高度线

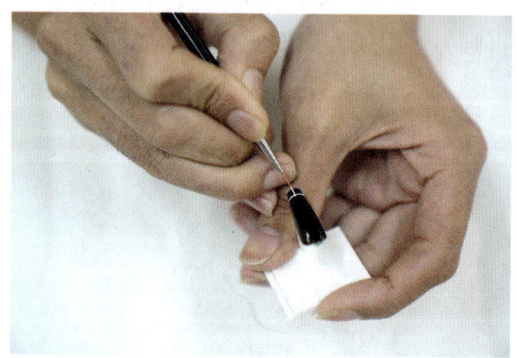

图 6-36 确定中心点

3. 定位 ab 点（见图 6-37）

在甲片两个侧边各取一点作为 ab 点，两点应等高。

4. 弧线连接（见图 6-38）

用拉线笔从两端 ab 点向高度线中心点画弧线，照灯 60 s。

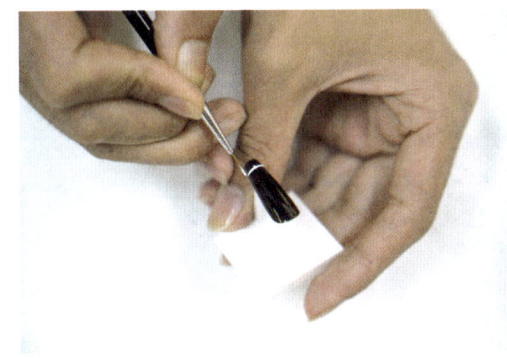
图 6-37 定位 ab 点

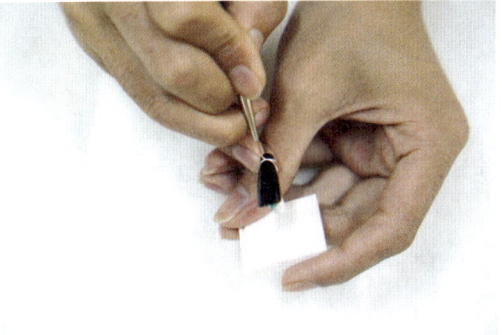
图 6-38 弧线连接

5. 作品呈现

用白色甲油胶填满结构线下方区域,照灯 60 s。经典法式甲作品如图 6-39 所示。

图 6-39 经典法式甲作品

饰品镶嵌

常用的饰品类型见表 6-2。

表 6-2　　　　　　　　　　常用的饰品类型

名称	图片	使用说明
金属类		如镂空的金属圈、金属链、金属扣、金属片等，一般在秋冬季使用较多
珍珠类		颜色以白色、香槟色为主，建议选择平底的款式

续表

名称	图片	使用说明
贝壳类		常用的有贝壳片和贝壳石，具有特殊光泽
金银箔纸类		其颜色（金色、银色）比较百搭，显得奢华、贵气
干花类		一般由多种颜色的干花混装，搭配得当装饰效果较好
亮片闪粉类		比较受欢迎的饰品类型之一，常搭配单色款式甲和晕染款式甲
魔镜粉类		以金粉和银粉为主，时尚百搭，一般在涂抹完底胶、色胶、封层胶后使用魔镜粉

续表

名称	图片	使用说明
亮钻类		如平底钻、水滴钻、爱心钻、方钻等，立体装饰效果较好
矿石类		分为天然矿石和人造矿石两种，在指甲装饰中常用于提升视觉效果和质感

操作技能

饰品镶嵌

操作准备

指甲基础护理工具、饰品镶嵌全套工具及耗材等。

操作步骤

1. 亮钻类、金属类、珍珠类、矿石类饰品镶嵌

亮钻镶嵌步骤：镶嵌亮钻—用粘钻胶填缝—涂封层胶。

步骤1　镶嵌亮钻

确定甲面上需要镶嵌亮钻的位置，取适量粘钻胶按照亮钻的形状、大小涂抹，用镊子将亮钻放在涂有粘钻胶的位置，如图6-40所示，轻按压实，照灯60 s。金属类、珍珠类、矿石类饰品的镶嵌方法同上。

步骤 2　用粘钻胶填缝

如图 6-41 所示，取适量粘钻胶在饰品周围填缝，包裹、固定饰品，照灯 60 s。

图 6-40　镶嵌亮钻

图 6-41　粘钻胶填缝

步骤 3　涂封层胶

在镶嵌完饰品的甲面上涂封层胶，照灯 60 s。亮钻类、金属类、珍珠类、矿石类饰品镶嵌作品如图 6-42 所示。

图 6-42　亮钻类、金属类、珍珠类、矿石类饰品镶嵌作品

2. 贝壳类、金银箔纸类、亮片闪粉类饰品镶嵌

贝壳片镶嵌步骤：粘贴贝壳片—涂加固胶—涂封层胶。

步骤 1　粘贴贝壳片

在甲面上整涂加固胶，用镊子夹取贝壳片放置在甲面上，调整位置，如图 6-43 所示，照灯 60 s。金银箔纸类、亮片闪粉类饰品镶嵌方法同上。

步骤 2　涂加固胶

如图 6-44 所示，在贴好饰品的甲面上厚涂一层加固胶，照灯 60 s。

指（趾）甲护理装饰

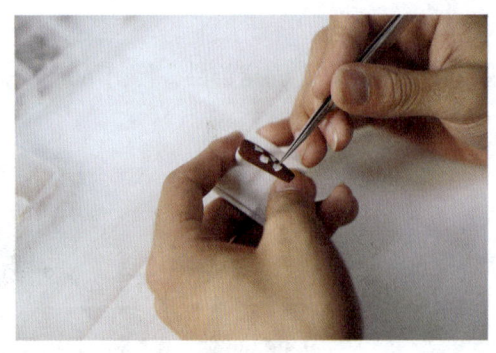

图 6-43　粘贴贝壳片

图 6-44　涂加固胶

步骤 3　涂封层胶

涂封层胶并照灯 60 s。贝壳类、金银箔纸类、亮片闪粉类饰品镶嵌作品如图 6-45 所示。

图 6-45　贝壳类、金银箔纸类、亮片闪粉类饰品镶嵌作品

注意事项

在进行饰品镶嵌时，应确保将饰品牢固地粘贴在甲面上，同时确保美观性和安全性。结合上述操作内容，下面介绍几点注意事项。

1. 在粘贴亮钻之前，必须确保甲油胶完全干燥，因为未干的甲油胶容易导致亮钻脱落。

2. 在粘贴过程中，应确保胶水不沾染饰品表面，以免影响美观。

3. 将亮钻固定好后，应提醒顾客在短时间内避免指甲接触硬物，以防亮钻脱落或损坏。

4. 如果需要卸除饰品，应使用专业的工具并采用正确的方法。例如，卸除金属类饰品时，应使用专用剪刀，从边缘开始轻轻剪开甲面与饰品连接处的粘钻胶，注意少量多次，避免一次性用力过猛。

5. 注意饰品的保存。例如，金属类饰品应密封、避光保存，以降低氧化和变色的可能性。

附录1 指（趾）甲护理装饰专项职业能力考核规范

一、定义

指（趾）甲护理装饰是指根据顾客的手形、甲形、肤质对其手足部进行护理、保养，并结合个人喜好、风格和场合需要来设计独特的指（趾）甲造型，展现个人魅力。

二、适用对象

运用或准备运用指（趾）甲护理装饰能力求职、就业的人员。

三、能力标准与鉴定内容

能力名称：指（趾）甲护理装饰　　　　　　　　　　　　职业领域：美甲师

工作任务	操作规范	相关知识	考核比重
（一）接待咨询	1. 能回答顾客提出的一般性指（趾）甲护理装饰问题 2. 能通过询问了解顾客情况，向顾客推荐合适的服务项目 3. 能向顾客介绍指（趾）甲护理装饰后的维护保养知识	1. 指（趾）甲护理装饰服务项目及收费标准 2. 与顾客沟通的技巧 3. 标准接待流程及礼貌用语 4. 不同场合的指（趾）甲护理装饰需求	15%
（二）操作、安全与卫生	1. 能规范穿戴工作装及整理仪容仪表 2. 能进行工具的检查与消毒 3. 能进行指（趾）甲护理装饰工具及用品的配备	1. 个人卫生要求 2. 指（趾）甲护理装饰工具及用品的配备要求 3. 工具、用品安全使用相关知识	5%
（三）手足部皮肤护理	1. 能按规定操作程序对手足部皮肤进行清洁、消毒 2. 能按规范手法进行肘关节以下部位的按摩 3. 能进行手足部皮肤养护	1. 基础手足部护理的规范操作程序及注意事项 2. 手足部常用穴位定位 3. 手足部按摩的方法及要求	15%

续表

工作任务	操作规范	相关知识	考核比重
（四）自然甲护理与修饰	1. 能按照规范程序对自然甲进行消毒、清洁、修甲形、推剪指皮 2. 能选择和涂抹营养油、指皮软化剂、底胶、彩色甲油胶和封层胶 3. 能正确使用美甲光疗机烘干甲油胶	1. 自然甲护理基本方法与步骤 2. 工具使用及注意事项 3. 营养油、指皮软化剂、底胶、彩色甲油胶、封层胶的选择及涂抹技巧 4. 甲油胶烘干方法 5. 美甲光疗机的维护保养知识	25%
（五）人造甲的制作	1. 能使用贴片胶在自然甲上粘贴全贴片、半贴片及浅贴片 2. 能挑选适合本甲的甲片 3. 能结合顾客需求调整甲形	1. 贴片甲的种类和用途 2. 贴片胶的使用方法 3. 全贴片、半贴片及浅贴片的标准操作流程	25%
（六）装饰指甲	1. 能手绘线条或简单的花卉图案 2. 能运用各类指甲装饰材料装饰指甲	1. 手绘甲的分类 2. 彩绘笔的使用方法 3. 装饰材料的使用方法及注意事项 4. 彩绘胶的性能及使用方法	10%
（七）结束工作	1. 能将操作台及工位整理干净 2. 能规范指（趾）甲护理装饰用品及工具的消毒操作	1. 从业人员服务规范 2. 指（趾）甲护理装饰用品及工具的规范消毒知识	5%

四、鉴定要求

（一）申报条件

达到法定劳动年龄，具有相应技能的劳动者均可申报。

（二）考评员构成

考评员应具备一定的指（趾）甲护理装饰专业知识和操作经验。每个考评组中不少于 3 名考评员。

（三）鉴定方式与鉴定时间

技能操作考核采取实际操作考核的方式。技能操作考核时间不少于 60 min。

（四）鉴定场地

考场面积不小于 50 m²，应具有能容纳至少 15 名学员同时操作的操作台，配备电源、工作台灯，且采光、通风条件良好。卫生、安全符合国家相关规定标准。

附录2　指（趾）甲护理装饰专项职业能力培训课程规范

培训任务	学习单元	培训重点难点	参考学时
（一）指（趾）甲护理装饰基础知识	1. 指（趾）甲护理装饰的行业认知	重点：指（趾）甲护理装饰行业规范 难点：从业人员的自我要求和自我提升	1
	2. 职业形象与接待礼仪	重点：从业人员的职业形象塑造 难点：从业人员标准接待礼仪	1
	3. 顾客接待与咨询	重点：指（趾）甲护理装饰服务项目介绍 难点：了解顾客需求	2
（二）指（趾）甲基础知识	1. 指（趾）甲的作用、构造和生长周期	重点：指（趾）甲的作用和构造 难点：病甲的认识及养护	1
	2. 异常指（趾）甲认识		1
（三）手足部皮肤养护	1. 手足部常用穴位认识	重点：手足部常用穴位 难点：手足部常用穴位按摩手法	2
	2. 手部皮肤养护	重点：手部皮肤护理步骤 难点：手部皮肤护理按摩手法	2
	3. 足部皮肤养护	重点：足部皮肤护理步骤 难点：足部皮肤护理按摩手法	2
（四）自然甲护理、修饰和甲油胶卸除	1. 工具和耗材认识	重点：工具的分类 难点：工具的使用技巧	1
	2. 自然甲护理与修饰	重点：自然甲护理步骤 难点：指皮修剪、甲形打磨、甲油胶涂抹技巧	8
	3. 甲油胶卸除	重点：手动卸除甲油胶步骤 难点：打磨机卸除甲油胶技巧	2
（五）人造甲制作与卸除	1. 人造甲基础知识	重点：贴片甲的种类 难点：贴片胶使用技巧	1
	2. 贴片甲制作	重点：贴片甲制作步骤 难点：贴片甲粘贴技巧	6
	3. 贴片甲卸除	重点：贴片甲卸除步骤 难点：打磨技巧	3

 指（趾）甲护理装饰

续表

培训任务	学习单元	培训重点难点	参考学时
（六）指甲装饰	1.色彩与构图基础知识	重点：色彩与构图基本原理 难点：色彩搭配及构图技巧	1
	2.彩妆指甲	重点：不同类型贴纸的装饰步骤 难点：不同类型贴纸的装饰技巧	4
	3.手绘指甲	重点：手绘指甲的步骤 难点：不同图案的手绘技巧	8
	4.饰品镶嵌	重点：不同类型饰品的镶嵌步骤 难点：不同类型饰品的镶嵌技巧	2
总学时			48

注：参考学时是培训机构开展的理论教学及实操教学的建议学时，包括岗位实习、现场观摩、自学自练等环节的学时。